In 30 Minuten wissen Sie mehr!

Dieses Buch ist so konzipiert, dass Sie in kurzer Zeit prägnante und fundierte Informationen aufnehmen können. Mithilfe eines Leitsystems werden Sie durch das Buch geführt. Es erlaubt Ihnen, innerhalb Ihres persönlichen Zeitkontingents (von 10 bis 30 Minuten) das Wesentliche zu erfassen.

Kurze Lesezeit

In 30 Minuten können Sie das ganze Buch lesen. Wenn Sie weniger Zeit haben, lesen Sie gezielt nur die Stellen, die für Sie wichtige Informationen beinhalten.

- Alle wichtigen Informationen sind blau gedruckt.

- Schlüsselfragen mit Seitenverweisen zu Beginn eines jeden Kapitels erlauben eine schnelle Orientierung: Sie blättern direkt auf die Seite, die Ihre Wissenslücke schließt.

- *Zahlreiche Zusammenfassungen innerhalb der Kapitel erlauben das schnelle Querlesen.*

- Ein Fast Reader am Ende des Buches fasst alle wichtigen Aspekte zusammen.

- Ein Register erleichtert das Nachschlagen.

Inhalt

W0056248

Vorwort

In der Mitarbeiterführung ist das Gespräch von Angesicht zu Angesicht die selbstverständlichste und auch effektivste Kommunikationsform. Während beispielsweise schriftlichen Mitteilungen eine gewisse Anonymität und Distanz anhaften, ist in der täglichen Zusammenarbeit das gesprochene Wort zwischen Vorgesetzten und Mitarbeitern persönlicher und wirkungsvoller. In der Regel finden Gespräche zwischen Vorgesetzten und Mitarbeitern spontan aus aktuellen Anlässen statt und werden zumeist wenig oder überhaupt nicht vorbereitet.

Das Mitarbeitergespräch als Führungsinstrument

Anders verhält es sich mit dem systematischen beziehungsweise standardisierten und turnusmäßig stattfindenden Mitarbeitergespräch, das als nützliches Instrument zur Personalführung und -entwicklung anzusehen ist. Dieses Gespräch geht weit über die Routinekommunikation im Betrieb hinaus. Weil in ihm Weichen gestellt und die vertrauensvolle Zusammenarbeit sowie die zwischenmenschlichen Beziehungen verbessert werden sollen, kommt diesem speziellen Mitarbeitergespräch eine besondere Bedeutung zu.

Mancher Vorgesetzte denkt mit einem unangenehmen Gefühl in der Magengegend an die nächsten turnusmäßigen Gesprächstermine. Diese Gespräche stellen sich

für ihn als eine außerordentlich schwierige Aufgabe dar, zu der er sich auf Grund fehlender oder geringer Vertrautheit regelrecht zwingen muss. Durch das bevorstehende Gespräch fühlt er sich überfordert, fürchtet um sein Ansehen bei seinen Mitarbeitern und sieht bereits unliebsame, das Arbeitsklima belastende Auseinandersetzungen auf sich zukommen.

Sollen die Vorteile von Mitarbeitergesprächen genutzt werden, dürfen sie beim Vorgesetzten nicht den Charakter eines Schreckgespenstes annehmen oder zu der Auffassung führen, hiermit einer nebensächlichen Formsache Genüge getan zu haben. Mit diesem Leitfaden sollen Bedenken zerstreut und diverse Denkanstöße und Handreichungen zur Vorbereitung, Durchführung und Auswertung des Mitarbeitergesprächs angeboten werden.

Darüber hinaus werden Sie den hohen Stellenwert gut geführter Mitarbeitergespräche erkennen und können sich die Vorteile zunutze machen, die sich für Sie bei richtiger Anwendung dieses Führungs- und Förderungsinstruments ergeben.

30 MINUTEN

1. Die Bedeutung von Mitarbeitergesprächen

Mitarbeitergespräche dürfen nie Selbstzweck werden. Das beste System ist zum Scheitern verurteilt, wenn ihm nicht die erforderliche Akzeptanz entgegengebracht wird. Erstarren Mitarbeitergespräche zu einem ungeliebten bürokratischen Ritual, sollte gänzlich hierauf verzichtet werden.

Vergegenwärtigt sich ein Vorgesetzter indes die vielfältige Bedeutung dieses Führungsmittels, wird er Mitarbeitergespräche als wichtige Chefsache betrachten und sich die hiermit verbundenen positiven Aspekte im Interesse aller Beteiligten zunutze machen.

1.1 Weshalb Mitarbeitergespräche?

Sie müssen sich fragen, weshalb Sie Mitarbeitergespräche führen, wenn Sie ein konstruktives Ergebnis für beide Seiten erreichen wollen.

- Mitarbeitergespräche haben die Aufgabe, den Unternehmenserfolg insgesamt sichern zu helfen und festzustellen, ob und inwieweit Mitarbeiter den Anforderungen ihres Arbeitsplatzes sowie den Unternehmenszielen nach Eignung und Leistung entsprechen.

- Das Unternehmen erhält einen Überblick, wo jeder Mitarbeiter in seiner Leistung und in seinem Vehalten steht bzw. nach erfolgreicher Personalentwicklung stehen könnte. Ohne Informationen dieser Art kann keine effektive Personalpolitik betrieben werden.

- Die Verpflichtung zum Führen eines Gesprächs stellt die gewünschte Barriere gegen Missbrauch dar und vermeidet Beurteilungen nach „Gutsherrenart".

- Da in Mitarbeitergesprächen auch Qualifikationsbedarf und -wünsche ermittelt werden, geben sie Anstöße zur gezielten Förderung von Mitarbeitern, was letztlich wiederum dem Unternehmen nützt.

- Missverständnisse über Aufgaben und Anforderungen werden aufgedeckt, sodass sich organisatorische Schwachstellen eher ausmerzen lassen.

- Der Mitarbeiter erhält von seinem Vorgesetzten ein zusammengefasstes sachliches Feedback. Ihm wird aufgezeigt, wie seine Kenntnisse und Eigenschaften von anderen gesehen werden und ob er den Anforderungen seines Arbeitsplatzes gerecht wird.

- Mitarbeitergespräche können leistungsstimulierend wirken.

- Die Motivation steigt, wenn gute oder sehr gute Leistungen dokumentiert werden. Die positive Einschätzung der eigenen Person führt zur Stärkung des

Selbstbewusstseins und trägt dem Erfolgsstreben des Mitarbeiters Rechnung.

- Als „Abfallprodukt" erhält ein Vorgesetzter von seinem Mitarbeiter ein Feedback über das eigene Führungsverhalten.
- Die Ergebnisse systematischer Mitarbeitergespräche können Grundlage für eine leistungsgerechte Entgeltbemessung sein.
- Der Mitarbeiter kann sowohl seine beruflichen Ziele als auch seine persönlichen Vorstellungen, Wünsche und Erwartungen darstellen.

Systematische Mitarbeitergespräche dienen allen Beteiligten: dem Betrieb, dem Vorgesetzten und dem Mitarbeiter!

1.2 Ein Gespräch – verschiedene Bezeichnungen

Während in einem Unternehmen die Beurteilung des Mitarbeiters Priorität besitzt, wird in einem anderen Betrieb vorrangig die Zielvereinbarung oder die Förderung des Mitarbeiters in den Vordergrund gestellt. Auch sind betriebsspezifische Kombinationen und vielgestaltige Mischformen anzutreffen:

- Beurteilungsgespräch
- Beurteilungs- und Fördergespräch
- Personalführungsgespräch

- Jahresgespräch
- Zielvereinbarungsgespräch
- Beratungsgespräch
- Fördergespräch
- Karrieregespräch
- Entwicklungsgespräch
- Qualifikationsgespräch

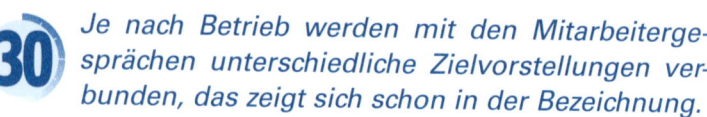

Je nach Betrieb werden mit den Mitarbeitergesprächen unterschiedliche Zielvorstellungen verbunden, das zeigt sich schon in der Bezeichnung.

1.3 Welche Schwerpunkte werden verfolgt?

An den vorgenannten Gesprächsbezeichnungen sehen Sie schon das große betriebliche Interesse, in Mitarbeitergesprächen drei Aspekte entweder isoliert oder kombiniert zu erörtern und zu Ergebnissen zu führen:

- die Beurteilung der Mitarbeiter
- die Vereinbarung von Zielen
- die Förderung und Entwicklung der Mitarbeiter

Rückblick und Ausblick

Regelmäßig wird das Mitarbeitergespräch für eine Rückschau genutzt, wobei Bilanz gezogen wird. Ob und in welchem Umfang vereinbarte Ziele erreicht wurden, ergibt sich aus einem Soll-Ist-Vergleich. Zwangsläufig werden hierbei auch die vom Mitarbeiter eingesetzten Ressourcen und sein gezeigtes Leistungsverhalten betrachtet und beurteilt. Die mit Mitarbeitergesprächen angestrebten Ziele würden nicht erreicht, wenn nur das Vergangene aufgearbeitet würde. Im Gespräch erkannte leistungshindernde Faktoren sollten bereits die Aufmerksamkeit in die Zukunft richten und an eine Verbesserung der Situation oder an eine Weiterentwicklung denken lassen. Mit den Gesprächsschwerpunkten „Ziele vereinbaren" und „Fördern und entwickeln" schauen Sie vorwärts und richten zusammen mit dem Mitarbeiter den Blick in die Zukunft.

Mitarbeitergespräche sind wichtige Führungs- und Förderungsinstrumente. Je nach Betrieb werden dabei unterschiedliche Schwerpunkte gebildet. Regelmäßig stehen dabei die Aspekte

- *Beurteilung*
- *Vereinbarung von Zielen*
- *Förderung und Entwicklung*

im Mittelpunkt. Während die Beurteilung des Mitarbeiters vergangenheitsbezogen ist, richten Sie bei der Vereinbarung der Ziele und Erörterung der Förderungs- und Entwicklungsmöglichkeiten den Blick in die Zukunft.

30

30 MINUTEN

2. Gesprächsbaustein „Beurteilen"

Die Beurteilung eines Mitarbeiters kann wesentliche Auswirkungen auf dessen berufliche Laufbahn haben und verlangt daher von Ihnen ein Urteil, das jederzeit sachlich begründet und verantwortet werden kann.

2.1 Verbesserung der Mitarbeiterbeurteilung

Die große Verantwortung der Mitarbeiterbeurteilung verlangt ein hohes Maß an Selbstkritik. Beurteilungsfehler gilt es zu vermeiden, die rosarote Brille bei sympathischen Mitarbeitern abzusetzen und die Schwarzseherei bei missliebigen Mitarbeitern nicht hochkommen zu lassen.

Seien Sie so gerecht wie möglich

Auch wenn völlige Objektivität nicht erreichbar ist, sollen Sie durch diese Lektüre Ihr Beurteilerverhalten

- fundierter,
- kompetenter,
- ausgewogener und
- transparenter

gestalten. Die Chance, ein gerechtes und zutreffendes Urteil abzugeben, ist um so größer, je mehr subjektive „Stolpersteine" Sie bei sich erkennen und künftig auf das geringstmögliche Maß reduzieren. Anzustreben ist also eine wesentliche Senkung der Fehlerträchtigkeit, nicht aber eine völlige Beseitigung, die immer eine utopische Wunschvorstellung bleiben wird. Wenn Sie bisher regelmäßig im erforderlichen Umfang der Führungsaufgabe Kontrolle nachkamen und anschließend die Führungsmittel Anerkennung und Kritik zielgerichtet einsetzten, dann lief in der täglichen Zusammenarbeit ohnehin eine regelmäßige Beurteilung ab. Die Ergebnisse werden nun im formellen Beurteilungsverfahren lediglich offiziell und transparent gemacht.

Die Mitarbeiterbeurteilung zählt zu den nicht delegierbaren Aufgaben des Vorgesetzten. Es gilt die Regel, dass das Urteil über Menschen, für die ein Vorgesetzter Verantwortung trägt, ausschließlich von diesem selbst abzugeben ist.

Die Beurteilung des Mitarbeiters kann wesentliche Auswirkungen auf dessen berufliche Laufbahn haben. Bei der Beurteilung sollten Sie so objektiv und gerecht wie möglich verfahren. Die Mitarbeiterbeurteilung kann nicht delegiert werden.

2.2 Drei Stufen zum Ziel

Können Sie Beurteilungsfehler reduzieren und Ihre Beurteilung auf eine objektive Grundlage stellen? Um zu einer möglichst gerechten Beurteilung zu gelangen, empfiehlt sich eine Vorgehensweise in drei Stufen. Wenn Sie nach diesem „Stufenplan" agieren, können Sie Ihre Beurteilungen jederzeit guten Gewissens vertreten.

1. Stufe: Beobachten

Ein guter Beobachter wird
- weder Gerüchten, Vermutungen noch ungeprüften Aussagen Dritter folgen, sondern seine Beobachtung auf nachprüfbare Fakten stützen;
- keinesfalls einmalige Schwächen und einmaliges Versagen zur Grundlage seiner Beurteilung nehmen, sondern darauf bedacht sein, typische und ausgeprägte Merkmale des Mitarbeiters zu ermitteln;
- sich nicht mit wenigen Beispielen begnügen, sondern während des gesamten Beurteilungszeitraumes Fakten sammeln und dabei möglichst viele und unterschiedliche Arbeitssituationen berücksichtigen. „Quartalsarbeitern" geben Sie keine Chance, zu einer ihnen nicht zukommenden positiven Beurteilung zu gelangen;
- zur Absicherung seiner Beobachtungen nicht die vorherige Beurteilung zu Rate ziehen (dies ist erst akzeptabel, wenn Ihre Beurteilung mit Ihrer Aus-

wertung – siehe Seite 19 – abgeschlossen ist). In diesem frühen Stadium würde der Rückgriff auf frühere Erkenntnisse Ihre jetzigen Beobachtungen beeinflussen und Ihren Blick für positive oder negative Veränderungen trüben. Nur unsichere, bequeme oder verantwortungsscheue Vorgesetzte schauen in diesem frühen Stadium in ältere Beurteilungen!

- nicht nur unzureichende Arbeitsergebnisse sowie unangenehme und negative Verhaltensweisen zur Kenntnis nehmen, sondern auch die beobachteten positiven Gesichtspunkte.

2. Stufe: Beschreiben

Sie erschweren sich die Beurteilung, wenn Sie Ihre Beobachtungen lediglich Ihrem „löcherigen" Gedächtnis anvertrauen, anstatt sie bald zu Papier zu bringen. Sammeln und beschreiben Sie die einzelnen Fakten bis zur fälligen Beurteilung auf Hilfsbögen:

Name des Mitarbeiters:	
Leistung/Verhalten	Wie/wo/wann beobachtet?
....	
....	

Denken Sie aber daran: Sie vermerken nicht nur negative, sondern auch gute und sehr gute Leistungen. Entwickeln Sie hierbei weder Pedanterie noch den Ehrgeiz, Ihre Mitarbeiter umfassend beobachten zu wollen. Das akribische Führen von „Schwarzbüchern" oder „Sündenregistern" brächte Ihnen nur den Vorwurf von Schnüffelei und Ausspähung ein und wäre in keinem Fall mit zeitgemäßem Vorgesetztenverhalten zu vereinbaren.

3. Stufe: Bewerten
Bei der Bewertung von Mitarbeiterleistungen und -verhalten verlassen sich manche Vorgesetzte auf ihr Gespür und weisen sogar mit Bemerkungen wie „Mein gesunder Menschenverstand sagt mir ..." oder „Das habe ich einfach im Gefühl, das ist nun mal so ..." darauf hin. Trotz solcher Aussagen darf das Gefühl nicht als verlässlicher Maßstab anerkannt werden, weil die Fehlerquote zu hoch und die Objektivität viel zu niedrig ist. Ein „angemessenes" Urteil kann nur mittels eines zuverlässigen Maßstabes abgegeben werden.

Welcher Maßstab soll aber angelegt werden?
Maßstab muss der in einer vergleichbaren Personengruppe durchschnittliche Mitarbeiter sein. Dadurch sehen Sie den zu beurteilenden Mitarbeiter nicht isoliert, sondern messen ihn an den Leistungen der übrigen Kollegen und versuchen abzuwägen, wo er in einem gedachten Koordinatensystem einzuordnen wäre. Hilfreich ist, für jedes Beurteilungsmerkmal eine Rangfolge unter den vergleichbaren Mitarbeitern zu bilden („an erster Stelle ist Müller, an zweiter Meyer ... einzustufen"). Möglich wäre auch ein Paarvergleich: Jeder Mitarbeiter wird mit jedem anderen hinsichtlich eines

bestimmten Beurteilungsmerkmals verglichen und jeweils ermittelt, welcher überlegen ist.

Sie können auch eine Prozentrangskala mit schrittweiser Entscheidung kombinieren: Hierbei entscheiden Sie zunächst bei jedem Beurteilungsmerkmal, ob der betreffende Mitarbeiter zur oberen oder zur unteren Hälfte der vergleichbaren Mitarbeitergruppe zählt. Danach legen Sie bei der ermittelten Hälfte fest, ob er zur oberen oder unteren Hälfte zählt.

Diskretion

Wichtig bei diesen Überlegungen ist aber, dass der Bewertungsmaßstab und die von Ihnen aufgestellte Rangfolge der Mitarbeiter nur für Ihren persönlichen Gebrauch bestimmt sind und nicht nach außen gelangen.

Um Beurteilungsfehler zu vermeiden, führen drei Stufen zum Ziel. Sie
- *beobachten sorgfältig,*
- *beschreiben, was Sie wahrgenommen haben,*
- *bewerten, wobei ihr Maßstab die begründete Vorstellung über die zu verlangende Normalleistung in einer vergleichbaren Personengruppe sein sollte.*

2.3 Beurteilungsfehler meiden

Gewiss trifft zu, dass die Beurteilung von Menschen durch Menschen – und würde sie noch so sorgfältig überlegt und durchgeführt – ein schwieriges Unterfangen ist und es auch bleiben wird. Ergebnisverfälschende Aspekte verschiedener Art sind hierfür verantwortlich.

Fehlerquellen

Wie oft wurden schon Beurteilungsergebnisse unbemerkt durch gleiche beziehungsweise ähnliche persönliche Zu- und Abneigungen, zufällige Übereinstimmungen in persönlichen Dingen, ähnliche Schicksale oder landsmannschaftliche Verbundenheit beeinflusst. Mancher Mitarbeiter gibt sich dem Vorgesetzten gegenüber anders, als er sich sonst verhält. Ein anderer wird möglicherweise versuchen, sich den Vorlieben des Vorgesetzten anzupassen. Das Arbeitsklima, der Einfluss der Kollegen oder auch die Art der zu verrichtenden Tätigkeit wirken sich aus. Selbst der „Geist der Stunde" vermag Beurteilungen zu verzerren. So können Beurteilungen durchaus davon abhängig sein, ob die Beurteilung in einem Stimmungs-Hoch oder -Tief abgegeben wurde. Überprüfen Sie deshalb selbstkritisch nach der Devise „Nobody is perfect" die nachfolgend genannten Fehlerquellen bei der Mitarbeiterbeurteilung:

Tendenz zur Mitte

Mancher Vorgesetzte empfindet das Beurteilen von Mitarbeitern als besonders mit Risiken behaftet. Bevor er sich deutlich im positiven oder negativen Bereich der Bewertungsskala festlegt, wird ein mittleres Urteil abgegeben. Damit werden die Mitarbeiter jedoch „grau in grau" gemalt, sodass die Beurteilung ein uncharakteristisches Porträt darstellt.

Tendenz zur Milde

Folgt ein Vorgesetzter der Tendenz zur Milde, wird er günstige und wünschenswerte Merkmale als stärker vorhanden darstellen, während ungünstige und nicht gewünschte Merkmale als weniger ausgeprägt beschrieben werden. Der Beurteilende glaubt, mit Gefälligkeitsbeurteilungen um sich „eitel Sonnenschein" zu verbreiten. Mit dieser falsch verstandenen Menschenfreundlichkeit nimmt er dem Mitarbeiter die Chance, sich selbstkritisch mit seinen Leistungen und seinem Verhalten auseinander zu setzen.

Tendenz zur Strenge

Erhielt der Vorgesetzte in der Vergangenheit selbst zu strenge Beurteilungen, ist er häufig sehr kritisch veranlagt. Fordert er von sich selbst oder von anderen zu viel, verschiebt sich die Beurteilung von Mitarbeitern deutlich in den negativen Bereich. Für diesen Beurteiler ist eine gute Leistung selbstverständlich, sodass sie kaum einer Erwähnung bedarf.

Vorurteile

Vorurteile stellen Denkschablonen in Form fest verankerter Vorstellungen dar, die von einer bestimmten Person – ausgehend von persönlicher Sympathie oder Antipathie, von Übereinstimmungen im privaten Bereich, von Erinnerungen an andere Personen u.ä. – bestehen. Sie dienen als vereinfachendes Orientierungssystem. Da sie im Regelfall weder kontrolliert noch korrigiert werden, erschweren oder vereiteln sie die angemessene Einschätzung von Mitarbeitern. Dass diese oft auf falschen Verallgemeinerungen beruhenden Denkschablonen Sie auf einen Irrweg gebracht haben, bemerken Sie erst, wenn Sie genauere Informationen über den Mitarbeiter besitzen. Sicher haben auch Sie sich schon dabei ertappt, dass Sie einen Menschen über längere Zeit hinweg falsch beurteilten und schließlich zugeben mussten: „Dass er so tüchtig ist, konnte ich ihm wirklich nicht ansehen" oder „Dass er so etwas tun konnte, habe ich ihm nicht zugetraut."

Soziale Stereotype

Ähnlichkeit mit Vorurteilen haben soziale Stereotype. Während ein Vorurteil sich vornehmlich auf einen einzigen Menschen bezieht, werden mit einem sozialen Stereotyp ganze Menschengruppen („die Lehrlinge", „die Frauen", „die Migranten", „die Akademiker") belegt.

Sich selbst erfüllende Prophezeiungen

Eine sich selbst erfüllende Prophezeiung wirkt gleichzeitig als Erwartung, an die sich der Beurteilte anpasst. Können Sie die Bedingungen für das Eintreffen Ihrer Vorhersage schaffen, werden Sie durch das Verhalten des Mitarbeiters bestätigt. Ein einfaches Beispiel unterstreicht dieses Phänomen: Schätzen Sie Ihren Mitarbeiter Schneider als besonders entwicklungsfähig und förderungswürdig ein, erhält dieser vermutlich vorrangig anspruchsvollere, interessantere, herausfordernde Zusatzaufgaben als Mitarbeiter Bach, der kritisch ist und gelegentlich nörgelnd auftritt. Durch die ihn fordernde Aufgabe ist Schneider besonders motiviert, sodass er die zusätzlichen Aufgaben mit guten Ergebnissen termingerecht erledigt. Hierdurch sehen Sie sich wiederum in Ihrer ursprünglichen Beurteilung bestätigt und sonnen sich in dem Bewusstsein Ihrer „guten Menschenkenntnis".

Projektion

Unbewusst überträgt der Vorgesetzte eigene Fähigkeiten, Absichten, Wünsche, Eigenschaften, Stärken oder Schwächen auf seine Mitarbeiter. Ist er zum Beispiel nachtragend und/oder misstrauisch, wird er in verstärktem Maße auch dem Mitarbeiter diese Eigenschaften beimessen.

Halo-Effekt

Der Halo-Effekt (halo – Hof [griech.] – Hof des Mondes) bewirkt, dass ein einziges Persönlichkeitsmerkmal, eine bestimmte Verhaltensweise, ein besonderes Ereignis, bekannte Tatsachen oder ein vorgefasstes Gesamturteil in den Augen des Vorgesetzten alles andere überstrahlt und damit eine zutreffende Einschätzung beeinflusst. Wird beispielsweise ein Mitarbeiter als besonders intelligent eingeschätzt, bewertet der Vorgesetzte häufig auch andere Eigenschaften des Mitarbeiters positiv. Diese Einzelbewertung überstrahlt das Gesamtbild.

Hierarchie-Effekt

Erstaunlicherweise werden Mitarbeiter regelmäßig um so fähiger, leistungsstärker und kompetenter angesehen, je höher sie in der betrieblichen Hierarchie angesiedelt sind. Der Hierarchie-Effekt sorgt dafür, dass Merkmale wie zum Beispiel Verantwortungsbewusstsein, Entschlussfähigkeit und Befähigung als Vorgesetzter in der Karriereleiter von Stufe zu Stufe verstärkt positiv bewertet werden.

Pseudologische Fehler

Nahezu jeder unterliegt hin und wieder der irrtümlichen Annahme, dass bestimmte Merkmale logisch zusammenhängen. Solche „untrüglichen Zeichen" werden wie folgt interpretiert:

- Fehlender Blickkontakt signalisiert, dass der Mitarbeiter unaufrichtig ist und etwas zu verbergen hat.
- Körperliche Fülle zeigt Gemütlichkeit und Nachgiebigkeit, aber auch Faulheit und Bequemlichkeit an.
- Ein fester Händedruck lässt uns Entschlossenheit erwarten.

- Nachlässige Kleidung ist ein Indiz für ein phlegmatisches Temperament.

Untersuchungen ergaben, dass solche Attribute für eine gewissenhafte Beurteilung wegen ihrer hohen Fehlerquote nicht herangezogen werden sollten.

Korrekturfehler

Zuweilen ist der Vorgesetzte nicht bereit, eingetretene Veränderungen bei seiner Bewertung zu registrieren und für die Einstufung zu berücksichtigen. Hier spielt ein wichtiges menschliches Bedürfnis hinein: Sich eine übersichtliche, sichere und geordnete Umwelt zu schaffen, die nicht durch ständige Änderungen destabilisiert wird. Das kann dazu führen, dass Veränderungen nicht wahrgenommen werden und unser „eindeutiges Bild" von einem Mitarbeiter trotz einer neuen Situation nicht revidiert wird.

Kleber-Effekt

Eigene frühere oder von anderen Vorgesetzten abgegebene Beurteilungen werden fortgeschrieben, weil sich „in der kurzen Zeitspanne seit dem letzten Beurteilungstermin keine wesentlichen Veränderungen ergeben haben". Auch bleiben oft solche Leistungssteigerungen unberücksichtigt, die von einem seit längerer Zeit nicht beförderten Mitarbeiter gezeigt wurden. Der Vorgesetzte „klebt" am bisherigen Karriereverlauf des Mitarbeiters.

Beurteilungen als „Mittel zum Zweck"

Neben den bereits erörterten, oft unbeabsichtigten Fehlern müssen aber auch solche Beurteilungen erwähnt werden, mit denen ein gewünschtes Ergebnis erzielt werden soll: So wird ein leistungsschwacher oder überaus kritisch eingestellter oder aus sonstigen Gründen „schwieriger" Mitarbeiter „weggelobt", während ein qualifizierter Mitarbeiter eine eher durchschnittliche Beurteilung erfährt, um ihn im eigenen Bereich „zu halten". Er ist dann eben „noch nicht ganz reif für anspruchsvollere Aufgaben". Es ist aber auch die Strategie eines Vorgesetzten nachvollziehbar, sich für einen guten Mitarbeiter, der ihm unter Umständen als Konkurrent gefährlich werden könnte, „besonders stark" zu machen, um die eigene Position zu festigen. Gelegentlich mögen auch persönliche Zukunftsstrategien für eine positive Beurteilung Pate stehen („Eine Hand wäscht die andere").

Das Erkennen eines Beurteilungsfehlers, das durch die nötige Portion Selbstkritik möglich wird, stellt bereits den ersten Schritt zu seiner Abschaffung dar.

Bei der Beurteilung von Menschen durch Menschen gibt es eine Reihe von Fehlerquellen und Verfälschungstendenzen, die selbstkritisch bei der Beurteilung hinterfragt werden sollten. Neben generellen Tendenzen in der Beurteilungen von Mitarbeitern können auch Vorurteile, sich selbst erfüllende Prophezeiungen, Projektionen

wie aber auch bewusst unzutreffende Feststellungen das Bild beeinflussen oder sogar verfälschen.

2.4 Beurteilungsbögen einsetzen

In der Praxis haben sich Beurteilungsbögen als wichtiges Hilfsmittel zur Leistungs- und Verhaltensbeurteilung durchgesetzt, die häufig Teil des Gesprächsprotokolls (siehe Seite 74/75) sind. Die einheitlichen Formulierungen erleichtern eine Festlegung und vereinfachen die Auswertung. Bevor ein Unternehmen eine standardisierte Beurteilung einführt, kommt der Auswahl der aufzunehmenden Beurteilungsmerkmale eine besondere Bedeutung zu. Hier werden mehrere Überlegungen angestellt:

- Es sollen die Fähigkeiten und Kenntnisse des Mitarbeiters nach den Anforderungen seines Arbeitsplatzes beurteilt werden. Diese werden für einen Mitarbeiter im Rechnungswesen andere Schwerpunkte vorsehen als für einen Kundenberater.
- Beurteilungsbögen sollen generelle Fragestellungen und Beantwortungsmöglichkeiten aufweisen, die für alle Mitarbeiter des Unternehmens Geltung haben.
- Die im Beurteilungsbogen enthaltenen Beurteilungsmerkmale sollen ein möglichst breites Spektrum zur Abbildung der Leistungen und des Verhaltens eines jeden Betriebsangehörigen abbilden.

- Schließlich soll die Anzahl der Beurteilungsmerkmale überschaubar und praktikabel sein. In der Praxis werden üblicherweise 10 bis 15 Beurteilungsmerkmale für eine aussagekräftige Beurteilung als ausreichend angesehen.

Exemplarisch werden nachstehend einige denkbare Beurteilungsmerkmale genannt:

Arbeitsqualität
Arbeitstempo
Auffassungsgabe
Belastbarkeit
Durchsetzungsvermögen
Entschlusskraft
Fachwissen
Flexibilität
Führungsverhalten
Kommunikationsfähigkeit
Kundenorientierung
Motivation
Organisationsvermögen
Qualitätsbewusstsein
Teamfähigkeit
Urteilsfähigkeit
Zielstrebigkeit

Gewichtung der Kriterien

Da nicht jedes im Beurteilungsbogen aufgeführte Merkmal für jeden Mitarbeiter gleich wichtig ist, werden solche Merkmale kenntlich gemacht, die den Arbeitsplatzanforderungen entsprechend besonders bedeutsam sind bzw. jene Merkmale unberücksichtigt gelassen, die auf Grund der Tätigkeit nicht beobachtet werden konnten. Auch können die besonders arbeitsplatzrelevanten Punkte mit einem höheren Multiplikationsfaktor versehen werden als jene, denen eine geringere Bedeutung zukommt. Hierbei werden die Merkmale stärker gewichtet, die das Leistungsergebnis unmittelbar beeinflussen.

Die für den einzelnen Mitarbeiter ausgewählten Merkmale versehen Sie mit Ausprägungsbewertungen wie beispielsweise:
- übertrifft bei weitem die Erwartungen
- übertrifft die Erwartungen
- erfüllt die Erwartungen
- erfüllt die Erwartungen im Großen und Ganzen
- bemüht sich die Erwartungen zu erfüllen

oder etwas kürzer:
- überragend
- überdurchschnittlich
- uneingeschränkt
- mit Einschränkungen
- nur zum Teil

Eher selten finden sich in Beurteilungsbögen praxisorientierte Beschreibungen der einzelnen Ausprägungsgrade, so zum Beispiel zur Zusammenarbeit:
- Trägt viel zu einer guten Zusammenarbeit bei. Ist stets ausgeglichen und ausgleichend

- Besitzt gutes Einordnungsvermögen und fördert die Zusammenarbeit
- Fügt sich ein und arbeitet gut mit anderen zusammen
- Bemüht sich wenig um Zusammenarbeit, kontaktarm
- Stört die Zusammenarbeit, ist unkollegial

Glauben Sie, dass Sie Ihrem Mitarbeiter mit dem Ankreuzen der Ausprägungsgrade zu den jeweiligen Beurteilungsmerkmalen nicht gerecht werden, sollten Sie zusätzliche Hinweise entweder auf die Rückseite des Gesprächsprotokolls schreiben oder in die Rubrik „Gesamtbild" (siehe Seite 75) aufnehmen.

Die Beurteilung eines Mitarbeiters sollte sich auf objektive Merkmale stützen. Dabei hilft ein stufenweises Vorgehen:

1. die Beobachtung des Mitarbeiters über den ganzen Beurteilungszeitraum hinweg,

2. die Beschreibung der aufgenommen Beobachtungen und

3. die darauf basierende Bewertung der Mitarbeiterleistungen und seines Verhaltens.

Dabei können zahlreiche Beurteilungsfehler und Verfälschungstendenzen die objektive Sicht trüben. In der Praxis haben sich Beurteilungsbögen als wichtiges Hilfsmittel zur Leistungs- und Verhaltensbeurteilung bewährt.

30 MINUTEN

Was sollen Zielvereinbarungen bewirken?

Wie gehen Sie konkret vor?

Wissen Sie, worauf Sie bei der Formulierung von Zielen achten müssen?

3. Gesprächsbaustein „Ziele vereinbaren"

Ein wirkungsvolles Arbeiten ist nur dann möglich, wenn klare Ziele den Handlungen vorangestellt werden. Ziele helfen dabei, Hürden zu überwinden und das Unternehmen einen weiteren Schritt vorwärts zu bringen.

3.1 Zielvereinbarungen statt Zielvorgaben

Werden die Mitarbeiter bei der Festlegung der Ziele für ihren Bereich ausgeschlossen, so entspricht das der Vorgehensweise bei autoritärer Führung. Seit langer Zeit autoritär geführte Mitarbeiter werden diese Vorgehensweise möglicherweise akzeptieren. Im Normalfall jedoch wird der von der Entscheidungsbildung völlig ausgeschlossene Mitarbeiter Zielvorgaben nicht tolerieren, sondern ihnen Ablehnung und Widerstand entgegenbringen. Dem Mitarbeiter von oben aufoktroyierte Ziele haben daher nur geringe Realisierungschancen.

Die Motivation steigern

Erfolgversprechender für alle Beteiligten ist eine Zielvereinbarung, in der Sie mit dem Mitarbeiter gemeinsam Ziele formulieren und festlegen. Ziele, die der Mitarbeiter selbst mit festlegen konnte, bündeln seine Energien für konkrete Handlungen. Mit größerem Eifer wird er diese Ziele zu realisieren versuchen als solche, die ihm aufgezwungen wurden. Mit der Zielvereinbarung werden Sollvorstellungen geschaffen, an denen später durch Kontrolle das Handlungsergebnis zu messen ist. Je näher der Mitarbeiter einem anspruchsvollen Ziel kommt, desto größer wird das Gefühl, etwas Besonderes zu leisten. Wird das Ziel schließlich erreicht, stellen sich intensiv empfundene Erfolgserlebnisse ein, die wiederum Quelle neuer Leistungsbereitschaft sind.

*Wollen Sie das Engagement Ihrer Mitarbeiter ge-
winnen, sollten Sie gemeinsam Ziele vereinbaren.*

30

3.2 Schritte zur Zielvereinbarung

1. Schritt: Bitten Sie frühzeitig den Mitarbeiter, bis zum Gesprächstermin seine Zielvorstellungen für einen festzulegenden Zeitraum zu entwickeln. So kann der Mitarbeiter im Rahmen seines Aufgaben- und Verantwortungsbereichs seine Sichtweise und Vorstellungen in den Zielfindungsprozess einbringen.

2. Schritt: Sammeln Sie zunächst die notwendigen Daten für die Ausgangslage (Ist-Zustand). Anschließend erarbeiten Sie unabhängig vom Mitarbeiter Ihre längerfristigen Zielvorstellungen für den Aufgabenbereich des Mitarbeiters und ermitteln hieraus von Ihnen gewünschte Ziele (Soll-Zustand). Diese koordinieren Sie in Gedanken mit den Zielen anderer Mitarbeiter und denen Ihres gesamten Bereichs.

3. Schritt: Erreichen Sie über die anzustrebenden Ziele in einer partnerschaftlichen Diskussion Konsens. Hierbei sind eindeutige Aussagen zu treffen zu
- Inhalt (z.B. Verbesserung der Input-/Output-Relation),
- Ausmaß (z.B. Verdoppelung des Gewinns des Vorjahres, Umsatzsteigerung um 20 % gegenüber ..., Ver-

minderung des Ausschusses um 2/3 gegenüber der
Zeit vom ... bis...)
- Zeit (z.B. ...innerhalb eines Jahres, spätestens nach 5
  Arbeitstagen).

4. Schritt: Koordinieren Sie die vereinbarten Ziele dann
in einer Mitarbeiterbesprechung, damit es zwischen
den Zielen der Mitarbeiter nicht zu Zielkonflikten
kommt.
Durch diese schrittweise Vorgehensweise stärken Sie
das Interesse der Mitarbeiter an der gemeinsamen Aufgabe, und sie werden um so eher an einem Strick ziehen.

*Durch Beteiligung des einzelnen Mitarbeiters bei
der Erarbeitung der Zielvorstellungen stärken Sie
das Interesse an der gemeinsamen Aufgabe. Mit
Hilfe einer Mitarbeiterbesprechung sollten Sie sicherstellen, dass es nicht zu Zielkonflikten kommt.*

3.3 Ziele formulieren

Erfolgversprechend umsetzbare Ziele sollen SMART
formuliert werden:

S = Spezifisch   = klar und eindeutig bezüglich
                              Inhalt, Ausmaß, Zeit; den Reife-
                              grad des Mitarbeiters berück-
                              sichtigend

M = Messbar	= ideal Zahlen, Daten – keinesfalls schwammig
A = Attraktiv	= für den Mitarbeiter vorteilhaft
= Aktiv beeinflussbar	= Mitarbeiter soll das Ziel aus eigener Aktivität erreichen können
R = Realistisch	= generell machbar und widerspruchsfrei; nicht überfordernd, nicht unterfordernd – ideal: herausfordernd
T = Terminiert	= stets mit Terminangabe, auch bei Teil-Zielen

Gemeinsam vereinbarte Ziele können eine geradezu magnetische Anziehungskraft ausüben. Deshalb bitten Sie Ihre Mitarbeiter um deren konkrete Zielvorstellungen, die Sie anschließend mit ihnen abstimmen.

30 MINUTEN

4. Gesprächsbaustein „Fördern und entwickeln"

Erfolgreiche Unternehmen benötigen nicht nur moderne Anlagen und Produktionsmethoden, sondern sie sind existentiell auf Mitarbeiter angewiesen, die den Anforderungen der Gegenwart und vor allem auch der Zukunft gewachsen sind. So verwundert nicht, dass die Förderung und Entwicklung der Mitarbeiter verstärkt in den Vordergrund rückt.

4.1 Weiterbildung – wichtiger denn je

In einer Zeit, in der neue Techniken immer stärker in Betrieben und Verwaltungen Einzug halten und Entwicklungszeiten und Produktionszyklen ständig verkürzt werden, wächst die Bedeutung einer schnellen Anpassung an neue Rahmenbedingungen. Die Bereitschaft und Fähigkeit zu ständiger Weiterbildung, zum gezielten Aneignen erforderlicher neuer Spezialkenntnisse, zur Verzögerung eines altersbedingten Leistungsabfalls sowie zur Teilhabe am allgemeinen Wissensfortschritt ist unverzichtbar. Die Bereitschaft und Fähigkeit der Betriebsmitglieder, sich diesem ständigen Lernprozess zu stellen und ihn erfolgreich zu bestehen, gilt heute bereits als Schlüsselqualifikation für jeden Betriebsangehörigen.

Weiterbildung als Investition in die Zukunft

Immer mehr Unternehmen betrachten die Weiterbildung ihrer Mitarbeiter als eine unverzichtbare und gewinnbringende Investition in die betriebliche Zukunft. Schließen Sie sich diesem notwendigen Trend an und sorgen Sie für eine kontinuierliche Aktualisierung und Ausweitung des Know-hows sowohl bei sich selbst als auch bei Ihren Mitarbeitern! Die Qualität einer Führungskraft lässt sich auch an der zunehmenden Qualifizierung ihrer Mitarbeiter ablesen: Erfolgsorientierte Vorgesetzte ermöglichen ihren Mitarbeitern unter Beachtung ihrer persönlichen Interessen Qualifizierungen, die für aktuelle und künftige Aufgaben benötigt werden. Schwache Vorgesetzte behindern die Entwicklung ihrer Mitarbeiter, weil sie sich von ihrer Furcht leiten lassen, sie könnten überflüssig werden oder mögliche Rivalen großziehen, die später ihre eigene Ablösung betreiben.

Mitarbeiter mit geringerem Know-how bevorzugt fördern

Beziehen Sie Mitarbeiter aller hierarchischen Stufen in eine gezielte Förderung ein, nicht nur die hochqualifizierten Mitarbeiter oder jene Betriebsangehörigen mit besonderen Karriereambitionen. Spezielle Beachtung sollten Sie Mitarbeitern mit geringem Know-how schenken, weil bei ihnen schon geringfügige betriebliche Änderungen Probleme aufwerfen könnten, die sich nur unter großen Schwierigkeiten lösen lassen. Durch rechtzeitig eingeleitete Förderungsmaßnahmen lassen sich hier Irritationen vermeiden und Veränderungsprozesse ohne Bremsversuche durch Beteiligte und Betroffene initiieren.

Langfristige Förderung karriereorientierter Mitarbeiter

Auch der Vorbereitung von Mitarbeitern auf künftige höherwertige Aufgaben im Unternehmen ist eine zunehmende Bedeutung beizumessen. Bereiten Sie systematisch den für einen Aufstieg im Unternehmen vorgesehenen Mitarbeiter in einem überschaubaren Zeitraum auf die beabsichtigte Funktionsübernahme vor. Parallel zu Karriere- und eventuellen Nachfolgeüberlegungen planen Sie gemeinsam mit dem Mitarbeiter, welche noch fehlenden Qualifikationen auf welchen Wegen erworben werden sollen. Dass hierbei den Wünschen und Vorstellungen des Mitarbeiters besonders Gehör zu schenken ist, versteht sich von selbst.

Kein Mitarbeiter kann dauerhaft über seinen Kopf hinweg zur Karriere gezwungen werden!

30 *Um mit Veränderungen Schritt zu halten, brauchen Sie Mitarbeiter mit dem größtmöglichen Know-how. Ermöglichen Sie daher allen Mitarbeitern die erforderlichen Qualifizierungsmaßnahmen.*

4.2 Leistungsgrenzen einschätzen

Bevor Sie die Förderungs- oder Entwicklungsbemühungen Ihres Mitarbeiters erörtern, müssen Sie sich erst darüber im Klaren sein, ob der Mitarbeiter bereits seine Leistungsgrenze (individuelles Maximum) erreicht hat. Ist dies nach Ihrer Einschätzung der Fall, sollten sie Ihrem Mitarbeiter dies auch in einer diplomatischen Form zu verstehen geben. Sie können ihm erklären, dass Sie mit seinen Leistungen sehr wohl zufrieden sind, aber nach sorgfältiger Beobachtung und Überlegung bei einer höherwertigen Tätigkeit keine ausreichenden Erfolgschancen für ihn sehen.

Entwicklungsmöglichkeiten erkennen

Zumeist wird aber das Entwicklungspotenzial des Mitarbeiters noch nicht ausgeschöpft sein, sodass sich der Mitarbeiter durch weitere Förderung zur Bestform entwickeln kann.

Bei der Überlegung, wie der Mitarbeiter weiter zu fördern ist, müssen die individuellen Leistungsgrenzen unbedingt beachtet werden. Das Entwicklungspotenzial ist jedoch selten ausgeschöpft. Erreicht der Mitarbeiter schließlich seine Höchstform, sind alle Beteiligten Nutznießer.

4.3 Förder- und Entwicklungsmaßnahmen vereinbaren

Manche Mitarbeitergespräche lassen eine Entscheidung offen, welche speziellen Förderungsmaßnahmen beabsichtigt sind. Entweder ist die Mitwirkung des jeweiligen Personalentwicklers oder anderer Stellen im Unternehmen nötig oder die Gesprächspartner haben noch nicht alle notwendigen Informationen eingeholt (wer bietet welche Maßnahme, mit welchen Ergebnissen an?).

Förderung nach Maß

Die Möglichkeiten können aber bereits im Gespräch herausgearbeitet werden. Zur Auswahl stehen:

- Teilnahme an internen oder externen Weiterbildungsmaßnahmen
- Training on the job (Betriebliche Unterweisung)
- Job rotation
- Job enlargement (Aufgabenerweiterung)
- Job enrichment (Aufgabenbereicherung)

- Stellvertretung
- Auslandseinsatz
- Sonderaufgaben, zum Beispiel
  - Bestellung als Pate im Rahmen der Einführung neuer Mitarbeiter
  - Einsatz als Referent für innerbetriebliche Bildungsmaßnahmen
  - Einsatz in Projektteams
  - Teilnahme an Tagungen, Workshops, Erfa-Gruppen
- Coaching
- Delegation von Aufgaben, Kompetenzen und Verantwortung

Da die Veränderungsgeschwindigkeit in der Berufswelt stetig zunimmt, ist die Bereitschaft und Fähigkeit zur Weiterbildung eine Schlüsselqualifikation für jeden Betriebsangehörigen. Wichtiges Thema des Mitarbeitergesprächs sind daher Qualifizierungsmaßnahmen. Hier sollten Sie möglichst alle Mitarbeiter einbeziehen, jedoch die individuellen Leistungsgrenzen berücksichtigen. Es gibt eine Reihe von Förderungsmöglichkeiten, wie etwa

- die Teilnahme an internen und externen Weiterbildungsmaßnahmen
- Training on the job
- der Auslandseinsatz
- Coaching und die
- Übernahme von Sonderaufgaben, die Sie im Mitarbeitergespräch herausarbeiten sollten.

30 MINUTEN

Wie stimmen Sie Ihre Mitarbeiter
auf die Mitarbeitergespräche ein?

Welchen „roten Faden" können
Sie Ihren Mitarbeitern zur
Vorbereitung mitgeben?

Wie bereiten Sie sich selbst auf
das Mitarbeitergespräch vor?

5. Die Vorbereitung

Sollen Mitarbeitergespräche die gewünschten Ergebnisse bringen, so sollten Sie den geplanten Ablauf des gesamten Verfahrens sicherstellen.

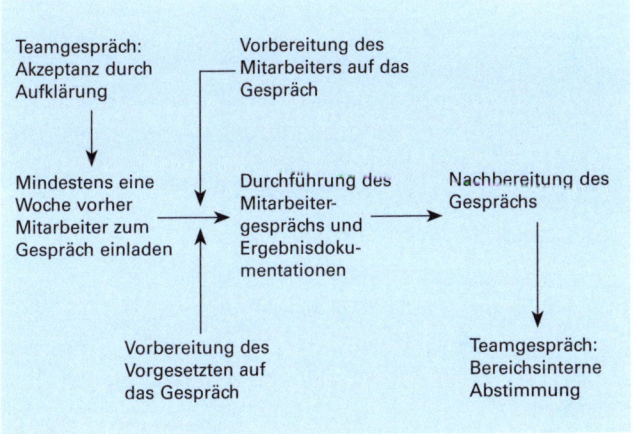

5.1 Für Akzeptanz sorgen

Im Rahmen einer üblichen Mitarbeiterbesprechung machen Sie Ihre Mitarbeiter auf die demnächst zu führenden Mitarbeitergespräche aufmerksam. Hierbei zeigen Sie die besondere Bedeutung dieses Führungs- und Personalentwicklungsinstruments sowie seine wesentlichen Merkmale und Rahmenbedingungen auf.

Vorteile, die Sie erwähnen können:
- Der Mitarbeiter erhält eine Rückmeldung zu seinen bisherigen Leistungen.
- Der Mitarbeiter kann seine Vorstellungen bei künftigen Arbeits- und Verhaltenszielen einbringen.
- Der Mitarbeiter kann eigene berufliche Ziele, Vorstellungen und Wünsche darlegen.
- Der Mitarbeiter wird in die Planung konkreter Förder- und Entwicklungsmaßnahmen einbezogen.

Erst wenn alle Mitarbeiter erkennen, dass Mitarbeitergespräche vor allem in ihrem Interesse liegen, bestehen gute Aussichten, dass die angestrebten Ziele erreicht werden.

Soll es während des Mitarbeitergesprächs zu einem echten Dialog zwischen den Gesprächspartnern kommen, muss das Gespräch von beiden Seiten gut vorbereitet werden. Dies setzt eine Vorbereitungsphase von mindestens einer Woche zwischen der Ankündigung des Mitarbeitergesprächs und seiner Durchführung voraus.

Zeitplanung

Festgelegte Gesprächstermine machen Sie in Ihrem Terminkalender als Chefsache mit hoher Priorität kenntlich. Je nach Gesprächspartner und Gesprächsinhalt sollten Sie für ein Gespräch ein bis zwei Stunden einplanen.

5.2 Vorbereitung des Mitarbeiters

Mancher Mitarbeiter ist unsicher und überfordert, wenn es um eine angemessene Vorbereitung auf dieses wichtige Gespräch geht. Da Sie Wert auf einen konstruktiven Dialog mit Ihrem Mitarbeiter legen, könnten Sie ihm auf die Sprünge helfen, indem Sie ihn durch Aushandlung einer Checkliste unterstützen. Ihr Gesprächspartner erhält damit einen „roten Faden", der ihn in die Lage versetzt, sich über die wesentlichen Punkte in Ruhe Gedanken zu machen.

Die Beurteilung von Vorgesetzten durch Mitarbeiter

Auf der Checkliste sind unter dem Abschnitt „Zusammenarbeit" auch eine Reihe von Aspekten aufgeführt, die Ihre Person als Vorgesetzter ansprechen. Da Sie mit dem von Ihnen praktizierten Führungsverhalten auf Leistung und Verhalten Ihrer Mitarbeiter einwirken, bleibt es in einem vertrauensvollen Gespräch nicht aus, wenn Sie zeitweilig selbst zum Gesprächsthema werden. Tatsächlich sprechen die Mitarbeiter untereinander über das Führungsverhalten ihres Vorgesetzten und beurteilen ihren Chef mehr oder weniger heimlich. Allerdings kennt der Vorgesetzte diese Einschätzungen im Regelfall nicht genau, sodass es immer wieder zu unliebsamen Missverständnissen und Fehlinterpretationen kommt. Der Mitarbeiter könnnte sicher einiges zu dem erlebten Führungsverhalten seines Vorgesetzten, den Wirkungen dieses Verhaltens auf sich selbst sowie zu wünschenswerten Änderungen im Führungsverhalten seines Vorgesetzten sagen. Die Checkliste soll den Mitarbeiter zu entsprechenden Überlegungen animieren, sodass der Vorgesetzte während des Mitarbeitergesprächs auch Rückmeldungen über sein eigenes Verhalten erhält.

Das kann eine verbesserte Kommunikation und Kooperation und damit eine Steigerung der betrieblichen Leistungsfähigkeit für die Beteiligten bewirken.

Checkliste für Mitarbeiter

1. Grundlegendes

- Hat es seit dem letzten Mitarbeitergespräch Änderungen in meinem Aufgabenbereich gegeben?

- Habe ich mich seit dem vorigen Mitarbeitergespräch um Leistungsverbesserungen bemüht?
  Beispiele!

- Sind meine Aufgaben, Kompetenzen und mein Verantwortungsbereich eindeutig festgelegt?

- Sind möglicherweise Änderungen in meinem Tätigkeitsbereich zu erwarten?

- Welche organisatorischen Änderungen sollte ich anregen, die sich positiv auf meine Aufgabenerledigung auswirken könnten?

- In welchen Punkten ist die Stellenbeschreibung zu ändern bzw. zu ergänzen?

- Was gefällt mir an meiner gegenwärtigen Arbeit besonders?

- Was gefällt mir an meiner gegenwärtigen Arbeit am wenigsten?

2. Zielerfüllung

- Waren mir in der Vergangenheit meine Arbeitsziele zweifelsfrei bekannt?

- Welche vereinbarten Ziele habe ich in welchem Umfang erreicht?

- Welche vereinbarten Ziele konnten nicht erreicht werden? Gründe?

- Wodurch wurde ich in meiner Arbeit gefördert/behindert/gehemmt?

- Konnte ich meine Fähigkeiten voll einsetzen?

- Wie schätze ich meine Arbeitsleistung insgesamt ein?

3. Zusammenarbeit

- Wie beurteile ich die Zusammenarbeit mit meinem Vorgesetzten?
- Erkennt er gute Leistungen an?
- Hört er immer zu und lässt er mich ausreden?
- Kritisiert mein Vorgesetzter sachlich, konstruktiv und nur unter vier Augen?
- Nimmt er zu aufgetretenen Problemen und Pannen sachlich und fair Stellung?
- Erhalte ich genügend Informationen für meinen Arbeitsbereich?
- Kann ich selbstständig arbeiten?
- Werde ich in Entscheidungen einbezogen, die meinen Arbeitsbereich berühren?
- Ist mein Handlungsspielraum zu eng/zu weit?
- Benötige ich Unterstützung, wenn ja, in welchen Bereichen?
- Kann ich Verbesserungsvorschläge einbringen?
- Durch welche Maßnahmen könnte die Zusammenarbeit mit meinem Vorgesetzten weiter verbessert werden?

4. Zielvereinbarung

- Welche Arbeitsziele erscheinen mir künftig besonders wichtig?
- An welchen Verhaltenszielen sollte ich stärker arbeiten?

- Wo sehe ich unter Umständen auf mich Schwierigkeiten zukommen?

- Bei welchen Zielen bin ich auf die Kooperation mit Dritten angewiesen?

- Welchen groben Aktionsplan werde ich bei meinem Vorgehen zum Erreichen von Zielen verfolgen?

5. Entwicklungspotenzial und Fördermaßnahmen

- Wo liegen meine Stärken?

- Gibt es Tätigkeiten, bei denen ich meine Stärken noch besser zur Geltung bringen könnte? Was müsste hierfür an meinem Arbeitsplatz/in meinem Aufgabenbereich geändert werden?

- Wo liegen meine Schwächen?

- Was kann ich selbst zum Abbau meiner Schwachpunkte tun?

- Was sollte geschehen, damit ich meine Leistungen erhalten/steigern kann?

- Welche Vorstellungen habe ich von meiner beruflichen/betrieblichen Zukunft?

- Welche Schulungen sind erforderlich, um meine Aufgaben noch besser erfüllen zu können?

- Welcher Zeitraum wäre hierfür aus meiner Sicht besonders günstig?

30 *Mit einer Checkliste, die Sie Ihrem Mitarbeiter bei Festlegung des Gesprächstermins aushändigen, kann sich der Mitarbeiter gezielt auf das Gespräch vorbereiten.*

5.3 Vorbereitung des Vorgesetzten

Natürlich überlassen auch Sie nichts dem Zufall oder den Eingebungen des Augenblicks, sondern bereiten sich ebenfalls gezielt auf das Gespräch vor. Sie lassen sich vorrangig jene Fragen gründlich durch den Kopf gehen, die in der Checkliste für Vorgesetzte auf den Seiten 55 bis 58 enthalten sind. Natürlich werten Sie auch Ihre Hilfsbögen (siehe Seite 18) aus. Damit verfügen Sie über wertvolle Gesprächsgrundlagen, mit denen Sie Gesprächsverlauf sowie -ziele gedanklich vorskizzieren und sich so besonders gut einstimmen können.

Missverständnissen vorbeugen

Ihre verschiedenen Aufzeichnungen werden Sie während des Gesprächs bereithalten, was aber nicht bedeutet, sie ständig als Gedankenstütze zu nutzen. Um dem Eindruck entgegenzuwirken, Sie hätten für den Mitarbeiter ein Dossier oder ein Sündenregister aufgestellt, sollten Sie die meisten Fakten nach vorheriger Durchsicht besser abrufbereit in Ihrem Gedächtnis gespeichert haben.

Zunehmend werden Mitarbeiter längerfristig in abteilungsübergreifenden Projekten eingesetzt, sodass Ihnen häufig eine direkte Beobachtung von Mitarbeiterleistungen und- verhalten unmöglich ist. Holen Sie in diesen Fällen im Vorfeld des Mitarbeitergesprächs von den jeweiligen Projektleitern qualifizierte Rückmeldungen ein, die Sie an passender Stelle in Ihre Gesamtbewertung einfließen lassen.

Checkliste für Vorgesetzte

1. Grundlegendes

- Waren bisher die Zuständigkeiten des Mitarbeiters zweifelsfrei geregelt und waren sie ihm auch bekannt?
- Gab es seit dem letzten Mitarbeitergespräch Änderungen im Aufgabenbereich des Mitarbeiters?
- Hat sich die Situation seither gravierend geändert, sodass neue Einflüsse zu berücksichtigen sind?
- Mit welchen Änderungen im Arbeitsbereich und/oder der Aufgabenverteilung ist demnächst zu rechnen? Müssen entsprechende organisatorische Maßnahmen bereits jetzt in Gang gesetzt werden?
- Muss die Stellenbeschreibung geändert werden?

2. Zielerfüllung

- Wie weit wurden vereinbarte Ziele erreicht?

- Welche erreichten Ziele sollte ich besonders positiv herausstellen?

- Welche Ziele wurden nicht erreicht?

- Was ist verbesserungsbedürftig?

- Welche fördernden bzw. behindernden Rahmenbedingungen, die den Mitarbeiter betreffen, sind zu berücksichtigen – interne Einflussfaktoren (z.B. Organisation, Budget, Arbeitsmittel, Personal, Streik) oder externe Einflussfaktoren (z.B. Marktentwicklung, Wettbewerbsverhalten, politische Veränderungen)?

3. Zusammenarbeit

- Wie beurteile ich mein persönliches Verhältnis zum Mitarbeiter?

- Was sollte bei der täglichen Zusammenarbeit beibehalten, was geändert werden?

- Ist der Mitarbeiter integriert? Wie stellt sich seine Zusammenarbeit mit seinen Kollegen/Mitarbeitern dar?

- Wie ist sein Kontakt zu den Mitarbeitern anderer Abteilungen, zu Kunden und sonstigen Außenstehenden zu bewerten?

- Beziehe ich ihn in Entscheidungen ein, die seinen Aufgabenbereich berühren?

- Verfügt der Mitarbeiter über genügend Handlungsspielraum?

- In welchen Punkten zeigte der Mitarbeiter Positives? Beispiele!

- Wo erkannte ich Mängel? Beispiele!

- Welche Probleme traten immer wieder auf? Beispiele!

- Was wurde zur Problemlösung unternommen?

- War ich schuldlos an den aufgetretenen Problemen?

- Welche problembeseitigenden Lösungen bieten sich jetzt an?

- Muss ich mir als Vorgesetzter Fehler ankreiden/ankreiden lassen, die ich auch bereit bin zuzugeben?

4. Zielvereinbarung

- Welche neuen Ziele sollten vereinbart werden?
  – Leistungsziele
  – Verhaltens- bzw. Entwicklungsziele

- Welche Prioritäten und Teilziele sind hieraus abzuleiten?

- Müssen für die vereinbarten Ziele zusätzliche Kompetenzen übertragen werden?

- Wie will der Mitarbeiter bei der Zielverfolgung vorgehen?

- Mit welchen Schwierigkeiten ist bei der Zielverfolgung zu rechnen? Wie lassen sich diese frühzeitig aus der Welt schaffen?

- Wobei, wann und wie braucht der Mitarbeiter von mir oder anderen Abteilungen Unterstützung für die Zielerreichung?

- Wann sollten Zwischenergebnisse erörtert werden?

5. Entwicklungspotenzial und Fördermaß-nahmen

- Wo liegen die Stärken des Mitarbeiters?

- Wie können diese Stärken in die künftige Arbeit besonders einfließen?

- Wo liegen Schwachstellen?

- Lassen sich die mir bekannten beruflichen Vorstellungen des Mitarbeiters realisieren?

- In welchen Bereichen kann sich der Mitarbeiter noch entwickeln?

- Ergebnisse früher vereinbarter Förder- und Entwicklungsmaßnahmen?

- In welchem Maße lässt sich der gewünschte Nutzen besuchter Förder- und Entwicklungsmaßnahmen bei der alltäglichen Aufgabenerledigung erkennen?

- Ist der Mitarbeiter förderungswillig?

- Welche Entwicklungsperspektiven sind bei diesem Mitarbeiter denkbar?

- Wie kann man ihn am besten fördern?

- Braucht der Mitarbeiter in seiner jetzigen Funktion Schulung, um den Standard seiner bisherigen Arbeit zu halten oder zu steigern?

- Falls Schulung erforderlich: In welchem Zeitraum wäre dies am günstigsten?

Damit das Mitarbeitergespräch für beide Seiten konstruktiv verläuft, sollten jeweils Checklisten zur Vorbereitung benützt werden. Die Checkliste für den Mitarbeiter sollte dazu animieren, neben der Einschätzung der eigenen Leistungen und seinen Erwartungen auch die Zusammenarbeit mit dem Vorgesetzten zum Thema zu machen. Auch Sie als Vorgesetzter sollten sich mit Hilfe einer Checkliste auf das Gespräch vorbereiten. Ihre Aufzeichnungen stellen für Sie eine Gesprächsgrundlage zur Skizzierung des Gesprächsverlaufs und der angestrebten Ziele dar, sollten aber beim Gespräch nicht ständig als Gedankenstütze genutzt werden.

30 MINUTEN

Mit welchen Gesprächsgrund-
sätzen stellen Sie die Weichen auf
Erfolg?

Gehen Sie im Gespräch systematisch vor?

Wie sollten Sie die Gesprächsergebnisse dokumentieren?

6. Die Durchführung

Sie sind dem Motto „Gute Vorbereitung ist halbe Voll-
endung" gefolgt und haben frühzeitig die Vorarbeiten
für ein gutes Gelingen des Mitarbeitergesprächs geleis-
tet. Nun gilt es, das Gespräch in geordneten Bahnen
durchzuführen und „Nägel mit Köpfen" zu machen.

6.1 Gesprächsgrundsätze

Damit sich der gewünschte Gesprächserfolg einstellt,
sollten Sie Folgendes beachten:
- Führen Sie das Gespräch unter vier Augen und behandeln Sie die Ergebnisse vertraulich. Das Gesprächsprotokoll erhalten lediglich die Personen zur
  Kenntnis, die im Verteiler als Empfänger vorgesehen
  sind (siehe Seite 73).
- Sorgen Sie dafür, dass es während des Gesprächs zu
  keinen Störungen (Telefonate, Besucher u.ä.) kommt.
  Lösen Sie sich vom unmittelbaren Tagesgeschäft.
- Achten Sie auf eine entspannte Gesprächsatmosphäre,
  beispielsweise durch das Anbieten alkoholfreier Ge-
  tränke. Sorgen Sie auch für eine gesprächsfördernde

Sitzanordnung, indem Sie Ihren Schreibtisch verlassen und besser einen runden Tisch (an ihm gibt es weder ein „oben" noch ein „unten") wählen.

- Hören Sie Ihrem Mitarbeiter aktiv zu. Hiermit zeigen Sie ihm, dass er mit seinen Äußerungen wichtig für Sie ist, dass er verstanden wird und dass Sie ihm glauben. Sie hören aktiv zu, indem Sie
  - durch anteilnehmende Bemerkungen Ihre Aufmerksamkeit signalisieren,
  - Ihr Interesse über Ihre Gestik und Mimik ausdrücken,
  - Blickkontakt pflegen,
  - den Mitarbeiter nicht unterbrechen,
  - wichtige Äußerungen sogleich stichwortartig notieren,
  - bei Unklarheiten nachfragen und
  - wesentliche Aussagen des Mitarbeiters und Schwerverständliches mit eigenen Worten wiederholen.
- Stellen Sie häufiger offene Fragen an Ihren Mitarbeiter (auch als W-Fragen bezeichnet, weil sie stets mit einem Fragefürwort beginnen), ohne die Richtung der Antwort bereits vorzugeben.
- Nehmen Sie einem emotional reagierenden Mitarbeiter Verzerrungen nicht übel.
  Stimmt beispielsweise Ihr Mitarbeiter mit Ihren Bewertungen zu einzelnen Beurteilungskriterien nicht überein oder muss über weniger erfreuliche Dinge gesprochen werden, können in der entstehenden

Konfliktsituation Emotionen zu unsachlichen Äußerungen führen. Mit der unsensiblen Aufforderung „Bitte bleiben Sie doch sachlich!" wird die angestrebte sachliche Ebene nicht erreicht. Hier sollten Sie ruhig bleiben und vor einer zu befürchtenden Eskalation notfalls das Gespräch vertagen.

Versuchen Sie also das Gespräch auf einer sachlichen Ebene zu halten, indem Sie auf Tatsachen eingehen. Subjektiven Wertungen Ihres Mitarbeiters sollten Sie sich im Interesse der weiteren guten Zusammenarbeit aber auch nicht verschließen.

Um zu einem guten Gespräch beizutragen, sollten Sie
- das Gespräch vertraulich halten,
- für eine angenehme Gesprächsatmosphäre sorgen,
- aktives Zuhören praktizieren und
- in Konfliktsituationen emotionale Äußerungen mit Fingerspitzengefühl behandeln.

6.2 Den Gesprächsverlauf steuern

Wenn Sie das Mitarbeitergespräch systematisch nach einem groben Fahrplan führen, steuern Sie das Gespräch und erhöhen merklich seine Erfolgsaussichten. Mit den folgend dargestellten sieben Gesprächsphasen haben Sie eine nützliche und wirkungsvolle Richtschnur an der Hand:

Phase 1:

Sie eröffnen das Gespräch und bemühen sich von Beginn an um einen guten zwischenmenschlichen Kontakt. Beginnen Sie mit positiven und sympathieerzeugenden Aussagen, mit denen das anfänglich vielleicht vorhandene Eis gebrochen werden kann.

Mit Sicherheit lässt sich zum allgemeinen Verhalten oder zur Gesamtleistung auch eines schwächeren Mitarbeiters etwas Positives sagen. Starten Sie die Warming-up-Phase mit diesen Pluspunkten und bauen Sie mit ihnen eine stabile Kontaktbrücke zum Mitarbeiter auf. Erhält der Mitarbeiter aber schon zu Beginn des Gesprächs den Eindruck, Mittelpunkt eines vom Vorgesetzten veranstalteten Tribunals zu sein, wird er für ein sachliches und entkrampftes Gespräch nicht zur Verfügung stehen.

Phase 2:

Sie stellen die vom Mitarbeiter zu erledigenden Aufgaben und vereinbarten Ziele dar, wie sie in dem letzten Mitarbeitergespräch festgelegt worden waren und erläutern, ob und wie weit Ihrer Meinung nach die Ziele erreicht wurden. Bei dieser Gelegenheit sprechen Sie Unklarheiten bei der vereinbarten Aufgabenstellung an (z.B. ist die Stellenbeschreibung überhaupt noch zutreffend? Gibt es hier entscheidende Abweichungen?) Für Sie müssen zwei Aspekte im Vordergrund stehen:

- Welche Aufgaben wurden vom Mitarbeiter gut erfüllt? Beginnen Sie mit positiven Aussagen, heben Sie

Verbesserungen gegenüber früheren Mitarbeitergesprächen hervor. Damit schaffen Sie eine sachbezogene Basis, um mit Ihrer Anerkennung den Mitarbeiter weiter zu motivieren. Schließen Sie eine Ursachenforschung etwa mit den Überlegungen an, warum wurden gerade diese Aufgabe(n) erfolgreich bewältigt wurden. Können hier besondere Qualifikationen genutzt und diese Aufgaben erweitert werden?

- Welche Aufgaben wurden vom Mitarbeiter nicht oder nicht so gut ausgeführt? Begnügen Sie sich nicht mit einer reinen Bestandsaufnahme, sondern fragen Sie nach hemmenden Faktoren: Welche Gründe waren hier ausschlaggebend? Was hat der Mitarbeiter alles getan, um die Aufgabe dennoch zufriedenstellend zu erledigen? Weshalb blieben diese Bemühungen ohne den gewünschten Erfolg? Wie soll es sinnvollerweise weitergehen? Welche Mittel und Wege zur Beseitigung der festgestellten Mängel sind in der Zukunft einzusetzen?

Stellen Sie zu beanstandende Leistungen oder Verhaltensweisen möglichst in positiver Form dar. Nicht: „Ihre Kreativität lässt sehr zu wünschen übrig. Ich sehe kaum eine Verbesserungsmöglichkeit. Auch Ihre Leistungen sind äußerst mangelhaft", sondern besser: „Diese Bestandsaufnahme zeigt, dass Sie Ihre Möglichkeiten noch nicht genügend ausgeschöpft haben. Ich bin überzeugt, dass Sie Ihre Kreativität und Ihre Leistungen bei stärkerer Nutzung Ihrer Möglichkeiten verbessern können."

Sie werden bedenken und gegebenenfalls auch erörtern, welche Folgerungen aus der guten bzw. nicht so guten Aufgabenerfüllung über den konkreten Anlass hinaus zu ziehen sind. Neben Überlegungen zur Leistungssteigerung und Verhaltensänderung werden Sie sich etwa fragen, ob die allgemeine Arbeitsbelastung zu hoch war. Hier wäre an eine Umverteilung der Aufgaben, personelle Entlastung, aber auch an organisatorische Veränderungen zu denken. Verstärkte Delegation von Aufgaben, Kompetenzen und Verantwortung oder die Zuweisung anderer dem Leistungsvermögen des Mitarbeiters eher entsprechender Aufgaben sind weitere Lösungsmöglichkeiten. Die Überlegungen könnten auch eine betriebliche Umsetzung und im Extremfall gar eine Trennung einschließen.

Phase 3:

Im Rahmen Ihrer Bewertung der einzelnen Beurteilungsmerkmale besprechen Sie nun, wie sich der Mitarbeiter bei der Erledigung seiner Aufgaben und bei der Verfolgung der vereinbarten Ziele eingesetzt hat. Auch hier hat es sich in der Praxis als günstig erwiesen, nicht der Reihenfolge der im Gesprächsprotokoll angeordneten Beurteilungsmerkmale zu folgen, sondern zunächst gute Bewertungen und erzielte Verbesserungen hervorzuheben. Systematische Untersuchungen haben gezeigt, dass rund 90 Prozent aller Menschen überzeugt sind, mehr als der Durchschnitt zu leisten. Dem steht die Tatsache gegenüber, dass die Leistungen von etwa 60 Prozent der Menschen als durchschnittlich bewertet werden müssten. Hieraus folgt, dass immer wieder einmal das Selbstbild, welches der Mitarbeiter von sich hat („Ich leiste Überdurchschnittliches") durch die während des Mitarbeitergesprächs geäußerte Fremdwahrnehmung des Vorgesetzten („Er leistet Durchschnittliches") infrage gestellt werden muss. Auch hat nahezu jeder Mitarbeiter den Wunsch, sich stetig zu verbessern. Die Wahrung des „Besitzstandes" (früher dokumentierte Bewertungen) ist häufig die Minimalvorstellung.

Entspricht eine Beurteilung nicht den Mitarbeitererwartungen, kann es zu erheblichen Spannungen und Differenzen kommen. Mancher Mitarbeiter wird nachfragen, weshalb Sie ihn anders einschätzen als er sich selbst. Hier können Sie mit Fakten aufwarten, wenn Sie rechtzeitig Ihre zu Papier gebrachten Beobachtungen (siehe Seite 18) in Ihrem Gedächtnis gespeichert haben. Wenn Sie dem Mitarbeiter jedoch eine Antwort mit konkreten Hinweisen für Ihre Einschätzung schuldig bleiben, leidet die Akzeptanz Ihrer Bewertung, der Mitarbeiter vermutet möglicherweise Willkür und so mancher kündigt innerlich.

Beweisen Sie Mut und Stärke, Ihre Einstellung zum Mitarbeiter und zu einzelnen Punkten zu korrigieren, wenn die vom Mitarbeiter geltend gemachten Argumente stichhaltig sind. Manche Vorgesetzte vertreten auch heute noch entschieden den Standpunkt, dass eine Korrektur nach Gegendarstellung durch den Mitarbeiter einen Autoritätsverlust bedeute. Diese Vorgesetzten müssen sich fragen lassen, ob ihre Ansicht zu Beginn des neuen Jahrtausends noch zeitgemäß ist. Muss nicht diese halsstarrige Auffassung von der Unfehlbarkeit eines Vorgesetzten geradezu Widerspruch und Widerstand hervorrufen und die Kluft zwischen dem Vorgesetzten und seinem Mitarbeiter verbreitern?

Einigkeit sollte allerdings darin bestehen, dass eine Korrektur einer fundierten Bewertung keinesfalls aus Unsicherheit oder persönlicher Schwäche geschehen darf.

Phase 4:

Nun richten Sie gemeinsam mit dem Mitarbeiter den Blick in die Zukunft, erörtern die künftigen Aufgaben und vereinbaren hierfür Ziele.

Phase 5:

Sowohl aus der Rückschau (Zielerreichung, Phase 2) als auch aus der Bewertung einzelner Beurteilungsmerkmale (Phase 3) und aus dem Blick in die Zukunft (Zielvereinbarung, Phase 4) kann sich das Erfordernis von Förder- beziehungsweise Entwicklungsmaßnahmen ableiten. Bemühen Sie sich, gemeinsam mit Ihrem Mitarbeiter von den als schwach beurteilten Punkten ausgehend ein Programm zur Leistungssteigerung oder

Verhaltensänderung zu entwickeln. Sie als Fachvorgesetzter verfügen zumeist eher als ein Personalentwickler über das fachliche Know-how, um konkrete Schritte zu initiieren.

Ist eine Übereinstimmung über das Programm erzielt, sollten Sie auch Hilfen bei der Programmdurchführung anbieten (z. B. Leistungs- und Fortschrittbeobachtung, konstruktive Korrektur von Fehlleistungen, Aufzeigen weiterer Verbesserungsmöglichkeiten, Unterstützung bei beruflichem Aufstieg).

Phase 6

Sprechen Sie unbedingt auch sonstige Punkte an, welche dem Mitarbeiter oder Ihnen auf der Seele liegen. Da die Gesprächsteilnehmer dank des von Ihnen großzügig bemessenen Gesprächszeitraums nicht unter Zeitdruck stehen, bietet sich dieses Gespräch geradezu an, „alle Karten auf den Tisch zu legen". Oft werden auch längerfristige Entwicklungsmöglichkeiten des Mitarbeiters im Unternehmen erörtert. Hier werden Sie keine Erwartungen wecken, die nicht erfüllbar sind. Da das Mitarbeitergespräch seinem Wesen nach für Fragen betrieblicher materieller Leistungen weniger geeignet ist, sollten Sie Gehalts- beziehungsweise Entgeltvereinbarungen tunlichst ausklammern.

Phase 7:

Selbst wenn während des Gesprächs unterschiedliche Beurteilungen von Sachverhalten oder persönliche Differenzen offengelegt wurden, sollte dem Gespräch kein bitterer Nachgeschmack anhaften. Sie haben das Gesprächsziel völlig verfehlt, wenn sich Ihr Mitarbeiter „wie ein begossener Pudel" trollt. Sie werden deshalb am Ende noch einige Minuten für einen positiven Gesprächsausklang vorsehen und sich bei Ihrem Mitarbeiter für das Gespräch bedanken. Falls weniger Erfreuliches besprochen wurde, versichern sie Ihrem Mitarbeiter ausdrücklich, dass Sie an seinen guten Absichten und seinen Fähigkeiten nicht zweifeln und dass Sie sicher sind, dass er die getroffenen Vereinbarungen realisieren wird.

 Wenn Sie systematisch nach dem empfohlenen „Fahrplan" vorgehen, können Sie das Gespräch besser steuern und erhöhen die Erfolgsaussichten.

6.3 Ergebnisdokumentation

Es stellt eine Arbeitserleichterung für den Vorgesetzten dar, wenn betriebsseitig ein Protokollvordruck entwickelt und den Vorgesetzten verbindlich an die Hand gegeben wird. Personalfachleute sollten nicht den falschen Ehrgeiz entwickeln, einen allzu umfangreichen, perfektionierten und differenzierten Vordruck zu erarbeiten, der den Blick für das Wesentliche eher verstellt als weiterhilft.

Neben persönlichen Daten (Name, Vorname, Personalnummer) und Angaben zur organisatorischen Einordnung des Mitarbeiters (Abteilung, Funktion, Vorgesetzter, seit wann in dieser Funktion eingesetzt) sollte der Vordruck Eintragungen zu wesentlichen Gesprächsinhalten ermöglichen:

1. Zielerreichung

Hier wird festgestellt, in welchem Umfang die im vorherigen Mitarbeitergespräch vereinbarten Ziele realisiert wurden. Behindernde oder förderliche Faktoren (z. B. Streik, Probleme bei Zulieferern, günstige klimatische Bedingungen) werden dargestellt, um Hinweise auf den Schwierigkeitsgrad bei der Zielerreichung zu geben.

2. Charakteristik des Leistungsverhaltens

Die vom Betrieb für wichtig gehaltenen Beurteilungsmerkmale mit anzukreuzenden Ausprägungsgraden geben Aufschluss darüber, inwieweit sich ein Mitarbeiter bei der Verfolgung der vereinbarten Ziele eingesetzt hat. Darüber hinaus wird hier eine über die Zielvereinbarungen hinausgehende Aufgabenwahrnehmung – vom üblichen Tagesgeschäft bis hin zu wahrnehmenden Führungsaufgaben – beurteilt.

3. Zielvereinbarungen

Auf der Basis der in der Stellenbeschreibung enthaltenen Aufgaben werden die vereinbarten Ziele eingetragen.

4. Förder- und Entwicklungsmaßnahmen

Der erkannte Qualifizierungsbedarf zur Beseitigung von Defiziten, zur Wissensanpassung oder zur Unterstützung der Karriere des Mitarbeiters wird zu Papier gebracht. Auch wenn Ihre Möglichkeiten häufig eingeschränkt sind, in diesem Bereich Entscheidungen „festzuklopfen", können Sie doch die besprochenen Maßnahmen auf den Weg bringen und darauf achten, dass die fixierten Vorstellungen nach Abstimmung mit Dritten realisiert werden. Hier notieren Sie auch Ursachen und Gründe, wenn ein Mitarbeiter nicht gefördert werden will oder eine Förderung nicht sinnvoll erscheint.

5. Gesamtbild

In freier Beschreibung geben Sie eine Gesamtbeurteilung des Mitarbeiters ab. Sie berücksichtigt sowohl den Grad der Zielerreichung (was wurde effektiv für das Unternehmen erreicht?) als auch die Leistungsbeurteilung (wie hat sich der Mitarbeiter persönlich für die Zielerreichung eingesetzt?). Es bleibt Ihnen unbenommen, hier die besonders ausgeprägten Schwerpunkte Ihres Mitarbeiters darzustellen, sodass sich für einen neutralen Leser ein „abgerundetes Bild" ergibt.

6. Stellungnahme des Mitarbeiters

Der Mitarbeiter hat nun Gelegenheit, sich über den Gesprächsinhalt und – verlauf zu äußern. Darüber hinaus steht es ihm frei, weitergehende Wünsche und Erwartungen aktenkundig zu machen. So wird der persönlichen Sichtweite des Mitarbeiters gebührend Rechnung getragen.

Wegen der Vertraulichkeit der im Gesprächsprotokoll enthaltenen Daten darf diese Unterlage keinesfalls „flächendeckend" verteilt werden. Drei Ausfertigungen müssen ausreichen: Ein Exemplar erhält der Mitarbeiter, ein weiteres Exemplar bleibt beim beurteilenden Vorgesetzten und die dritte Ausfertigung kommt in die Personalakte des Mitarbeiters. Es sollte genügen, wenn der Vorvorgesetzte das für die Personalakte ausgefertigte Gesprächsprotokoll lediglich zur Kenntnisnahme und Abzeichnung vorgelegt erhält.

Das Muster eines Gesprächsprotokolls auf den folgenden Seiten soll Ihnen Denkanstöße bei der Konstruktion eines Protokolls geben, das auf Ihr Unternehmen zugeschnitten ist.

Mitarbeitergespräch

Name	Abteilung	Pers.Nr.
Funktion	seit wann in dieser Funktion?	
Beurteilungszeitraum	vom	bis

1. Zielerreichung

Ziele aus dem vorhergehenden Zeitraum	erreichte Quote	Kommentar zur Zielerreichung
1.		
2.		
3.		
4.		
5.		

2. Charakteristik des Leistungsverhaltens

	übertrifft bei weitem die Erwartungen	übertrifft die Erwartungen	erfüllt die Erwartungen	erfüllt die Erwartungen im Großen und Ganzen	bemüht sich, die Erwartungen zu erfüllen
1. Belastbarkeit	☐	☐	☐	☐	☐
2. Organisationsvermögen	☐	☐	☐	☐	☐
3. Fachwissen	☐	☐	☐	☐	☐
4. Arbeitsqualität	☐	☐	☐	☐	☐
5. Entscheidungsfreudigkeit	☐	☐	☐	☐	☐
6. Teamfähigkeit	☐	☐	☐	☐	☐
7. Motivation	☐	☐	☐	☐	☐
8. Konfliktlösungsverhalten	☐	☐	☐	☐	☐
9. Wirtschaftlichkeitsverhalten	☐	☐	☐	☐	☐
10. Sorgfalt und Zuverlässigkeit	☐	☐	☐	☐	☐
11. Kundenfreundlichkeit	☐	☐	☐	☐	☐
12. Führungsverhalten	☐	☐	☐	☐	☐

3. Zielvereinbarungen für die Zeit vom   bis

1. _____
2. _____
3. _____
4. _____
5. _____

4. Förder- und Entwicklungsmaßnahmen

1. _____
2. _____
3. _____

5. Gesamtbild

_____
_____
_____
_____
_____

*6. Stellungnahme des Mitarbeiters
(einschl. Wünsche/Erwartungen)*

_____
_____
_____
_____
_____

Unterschrift/
Datum

Zur Kenntnis
Vorvorgesetzter:

Mitarbeiter   Vorgesetzter   _____

Wollen Sie in Ihrem Betrieb erstmalig systematische Mitarbeitergespräche einführen, bietet sich nachfolgendes Procedere an:

- Entwicklung eines Konzepts durch eine betriebliche Projektgruppe oder einen externen Berater. Die Akzeptanz wird merklich gesteigert, wenn bereits in dieser frühen Phase Vorgesetzte, Mitarbeiter und der Betriebsrat einbezogen werden.
- Diskutieren Sie das Gesprächskonzept mit Betriebsleitung und den Führungskräften.
- Beteiligung des Betriebsrates, der nach § 94 Abs. 2 Betriebsverfassungsgesetz ein Mitbestimmungsrecht hat.
- Entscheidung über das gesamte Verfahren im Einvernehmen mit dem Betriebsrat. Eventuell kann auch eine Betriebsvereinbarung abgeschlossen werden.
- Information der Mitarbeiter (in einer Betriebsversammlung, durch die Mitarbeiterzeitung, mittels Informationsbroschüre, mit Aushang am Schwarzen Brett).
- Schulung der Vorgesetzten.

Nach dieser Vorgehensweise kann das von allen Beteiligten „abgesegnete" Konzept an den Start gehen.

Soll das Mitarbeitergespräch erfolgreich verlaufen, sorgen Sie für eine angenehme Gesprächsatmosphäre, widmen Sie sich Ihrem Mitarbeiter mit großer Aufmerksamkeit und reagieren Sie in Konfliktsituationen auf emotionale Äußerungen des Mitarbeiters zurückhaltend.

Bei der systematischen Gesprächsführung können Sie den Gesprächsverlauf durch einen „Fahrplan" besser stützen.

Als Arbeitserleichterung verwenden Sie ein Gesprächsprotokoll. Neben den persönlichen Daten sollen

- *die Erreichung der Ziele,*
- *das Leistungsverhalten*
- *die getroffenen Zielvereinbarungen,*
- *Förder- und Entwicklungsmaßnahmen sowie*
- *die Stellungnahme des Mitarbeiters aufgenommen werden.*

30 MINUTEN

7. Die Auswertung

Allein mit einer gezielten Vorbereitung und einer guten Gesprächsführung haben Sie Ihr Soll noch nicht erfüllt. Nun gilt es, das Mitarbeitergespräch möglichst unverzüglich auszuwerten.

7.1 Was sofort zu tun ist

Untersuchungen haben ergeben, dass Besprechungsteilnehmer von 20 Punkten, die in einem zweistündigen Treffen erörtert wurden, am nächsten Tag nur noch 7 bis 10 Punkte im Gedächtnis hatten. Wenn zwischen dem Mitarbeitergespräch und seiner Auswertung einige Zeit ins Land geht, macht sich unser vergessliches Gedächtnis störend bemerkbar. Die folgende Fragenliste enthält Gesichtspunkte, die von Ihnen kritisch und möglichst unvoreingenommen gleich im Anschluss überdacht werden sollten:

- Konnte durch das Ausschalten äußerer Störungen eine zwanglose Atmosphäre erzeugt werden?

- Gelang es mir, einen fruchtbaren, motivierenden und unterstützenden Dialog zu führen oder kam es zu einem Monolog von mir?
- Nahm ich den Mitarbeiter so ernst, wie ich selbst von meiner Umwelt akzeptiert und respektiert werden möchte?
- Konnte ich das Gespräch vorwiegend mit offenen Fragen lenken und an den nötigen Stellen aktives Zuhören praktizieren?
- Wird der Mitarbeiter nach diesem Gespräch weiterhin zu partnerschaftlicher Zusammenarbeit bereit sein?
- Brachte ich ihn unbeabsichtigt gegen mich oder die Firma auf? Welche Aspekte standen im Vordergrund? Wie hätte ich anders vorgehen/mich besser ausdrücken sollen, um Widerstand zu vermeiden?
- Stand dem Mitarbeiter genügend Zeit zur Verfügung, seine Auffassungen zur Sprache zu bringen?
- Weiß der Mitarbeiter jetzt genau und unmissverständlich, was von ihm erwartet wird?
- Enthält das gemeinsam erarbeitete Programm zur Leistungssteigerung beziehungsweise Verhaltensänderung ganz konkrete Vorschläge?
- Kam es zu einer „echten" Zielvereinbarung, nicht zu einer Zielvorgabe?
- Wird sich der Mitarbeiter nach dem Gespräch von mir manipuliert fühlen oder ist er aus dem Gespräch mit einem „guten Gefühl" herausgegangen?
- Welche Zusagen habe ich im Verlauf des Gesprächs

gegeben? (Merke: Nie unrealistische Hoffnungen wecken!)

- Bin ich mit dem Gesprächsergebnis insgesamt zufrieden?
- In welchen Momenten fühlte ich mich nicht wohl oder möglicherweise überfordert? Wie kann ich künftig mit solchen Situationen souveräner und entspannter umgehen?
- Wie würde ich mich jetzt an der Stelle des Mitarbeiters fühlen?
- Was ist beim nächsten Mitarbeitergespräch anders oder besser zu machen?
- Was ist sofort konkret zu veranlassen?
- Für wann ist ein Gespräch „Zwischenergebnis" anzusetzen?

Mit der Auswertung des Mitarbeitergesprächs sollten Sie gleich nach Abschluss des Gesprächs beginnen, um wesentliche Dinge nicht zu vergessen. Wichtig ist dabei, dass Sie selbstkritisch überlegen, welche Gesichtspunkte verbessert werden können.

7.2 Weiteres Vorgehen

Sie als Vorgesetzter sind gut beraten, immer wieder möglichst gemeinsam mit dem Mitarbeiter festzustellen, ob erfolgreich auf das vereinbarte Soll zugesteuert wird. Die Beantwortung folgender Fragen ist dabei sehr hilfreich.

- Wie ist der Stand des Arbeitsfortschritts?
- Können die vereinbarten Ziele planmäßig angesteuert werden?
- Gibt es störende Einflüsse? Wie kann man sie in den Griff bekommen?
- Wobei braucht der Mitarbeiter meine Unterstützung?

Was spricht dagegen, in einem festgelegten Rhythmus – der den Mitarbeiter allerdings nicht zu stark einengen und in seinem Handlungs- und Bewegungsspielraum einschränken darf – vom Mitarbeiter Zielreports zu erbitten, die im Anschluss daran gemeinsam ausgewertet werden?

Umgang mit Zielabweichungen

Stellt sich dabei heraus, dass die Zielerfüllung entscheidend gefährdet ist, sind zunächst die Ursachen für die Zielabweichung zu ermitteln.

Ist das vereinbarte Ziel nach dieser Analyse nicht oder aber nicht mehr realistisch, muss es den Gegebenheiten zwangsläufig mittels einer notwendigen Zielkorrektur angepasst werden.

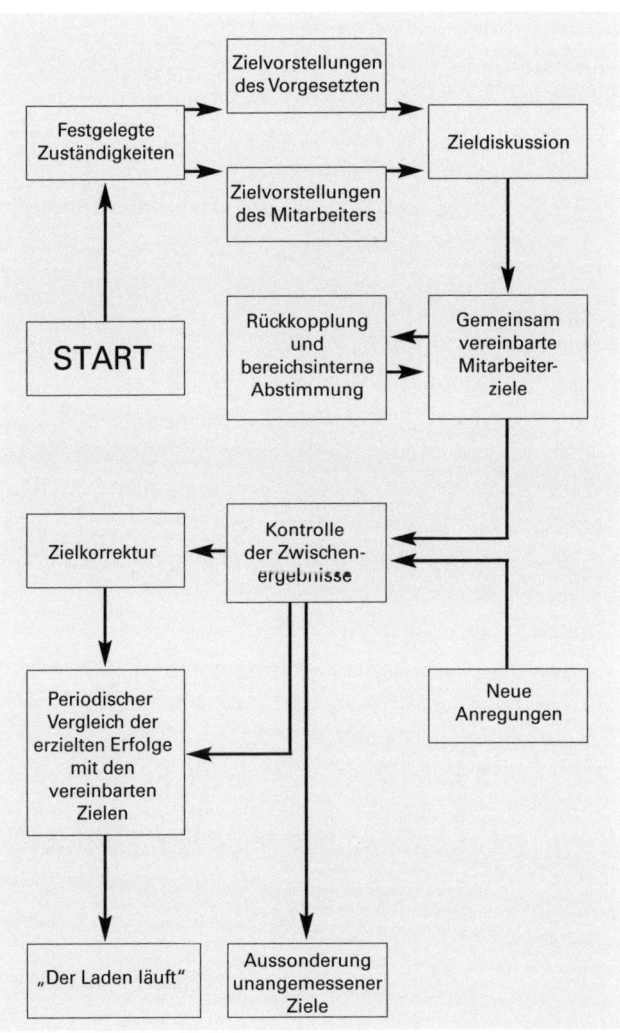

Stellen Sie aber fest, dass das vereinbarte Ziel durchaus aktuell ist, nur die Ausführung durch den Mitarbeiter nicht wie erhofft gegriffen hat, können Sie zwischen zwei Möglichkeiten wählen:

- Das Ziel wird dennoch korrigiert.
- Neue Maßnahmen mit einem vertretbaren Aufwand werden vorgesehen, um das vereinbarte Ziel noch zu erreichen.

Fühlen Sie sich bitte auch für die notwendige Realisierung der vereinbarten Förder- und Entwicklungsmaßnahmen selbst verantwortlich. Wenn Sie erst darauf warten, dass vom Mitarbeiter oder von anderen Stellen Initiativen ausgehen, werden Sie möglicherweise beim nächsten Mitarbeitergespräch feststellen, dass zwar ein Jahr ins Land gegangen ist, sich aber tatsächlich nichts bei der Umsetzung der Gesprächsergebnisse getan hat.

Um sicher zu gehen, dass die festgelegten Zielvereinbarungen erfolgversprechend verfolgt werden, erbitten Sie von Ihrem Mitarbeiter Zielreports, die Sie gemeinsam mit ihm auswerten.
Bei der Realisierung von Förder -und Entwicklungsmaßnahmen sollten Sie „am Ball bleiben" und selbst die Initiative ergreifen.

7.3 Das Ergebnis

Wenn Sie das hier vorgestellte Konzept eines Mitarbeitergesprächs in die Praxis umsetzen, sind Sie auf dem besten Wege, Ihre Mitarbeiter erfolgreich zu machen. Und dieses Ziel steht doch sicherlich im Vordergrund aller Ihrer Bemühungen. Denn wenn Ihre Mitarbeiter erfolgreich sind, sind Sie es zwangsläufig auch und Ihr Unternehmen ebenfalls. Kommen Sie schließlich zu dem Ergebnis „Der Laden läuft", ist Ihnen aus vollem Herzen zu gratulieren.

Nachdem das Gespräch stattgefunden hat, haben Sie noch nicht Ihr Soll erfüllt. Sie sollten

30

- *unmittelbar danach die wichtigsten Eindrücke festhalten und das Gespräch unvoreingenommen und selbstkritisch auswerten;*
- *später darauf achten, ob und wie Zielvereinbarungen eingehalten werden. Zielreports, die Ihre Mitarbeiter erstellen und die Sie gemeinsam mit Ihnen auswerten, können Ihnen aufzeigen, ob Sie auf dem richtigen Wege sind;*
- *die Realisierung der Förderungs- und Entwicklungsmaßnahmen im Auge behalten.*

Jetzt sind Sie auf dem besten Weg, Ihren Mitarbeitern zum Erfolg zu verhelfen. Der Erfolg Ihrer Mitarbeiter ist aber auch Ihr Erfolg und der Ihres Unternehmens.

Fast Reader

1. Die Bedeutung von Mitarbeitergesprächen

Systematische Mitarbeitergespräche dienen allen Beteiligten: dem Betrieb, dem Vorgesetzten und dem Mitarbeiter!
Je nach Betrieb werden mit den Mitarbeitergesprächen unterschiedliche Zielvorstellungen verbunden, das zeigt sich schon in der Bezeichnung.

Mitarbeitergespräche sind wichtige Führungs- und Förderungsinstrumente. Je nach Betrieb werden dabei unterschiedliche Schwerpunkte gebildet. Regelmäßig stehen dabei die Aspekte
- **Beurteilung**
- **Vereinbarung von Zielen**
- **Förderung und Entwicklung**

im Mittelpunkt. Während die Beurteilung des Mitarbeiters vergangenheitsbezogen ist, richten Sie bei der Vereinbarung der Ziele und Erörterung der

Förderungs- und Entwicklungsmöglichkeiten den Blick in die Zukunft.

2. Gesprächsbaustein „Beurteilen"

Die Beurteilung des Mitarbeiters kann wesentliche Auswirkungen auf dessen berufliche Laufbahn haben. Bei der Beurteilung sollten Sie so objektiv und gerecht wie möglich verfahren. Die Mitarbeiterbeurteilung kann nicht delegiert werden.

Um Beurteilungsfehler zu vermeiden, führen drei Stufen zum Ziel. Sie

- *beobachten sorgfältig,*
- *beschreiben, was Sie wahrgenommen haben,*
- *bewerten, wobei ihr Maßstab die begründete Vorstellung über die zu verlangende Normalleistung sein sollte.*

Bei der Beurteilung von Menschen durch Menschen gibt es eine Reihe von Fehlerquellen und Verfälschungstendenzen, die selbstkritisch bei der Beurteilung hinterfragt werden sollten. Neben generellen Tendenzen in der Beurteilungen von Mitarbeitern können auch Vorurteile, sich selbst erfüllende Prophezeiungen, Projektionen wie aber auch bewusst unzutreffende Feststellungen das Bild beeinflussen oder sogar verfälschen.

30 *Da die Beurteilung eines Mitarbeiters auch Auswirkung auf dessen berufliche Laufbahn hat, soll sich die Beurteilung auf objektive Merkmale stützen. Dabei hilft ein stufenweises Vorgehen:*

1. *die Beobachtung des Mitarbeiters über den ganzen Beurteilungszeitraum hinweg,*
2. *die Beschreibung der aufgenommen Beobachtungen und*
3. *die darauf basierende Bewertung der Mitarbeiterleistungen und seines Verhaltens.*

Dabei können zahlreiche Beurteilungsfehler und Verfälschungstendenzen die objektive Sicht trüben. In der Praxis haben sich Beurteilungsbögen als wichtiges Hilfsmittel zur Leistungs- und Verhaltensbeurteilung bewährt.

3. Gesprächsbaustein „Ziele vereinbaren"

Wollen Sie das Engagement Ihrer Mitarbeiter gewinnen, sollten Sie gemeinsam Ziele vereinbaren.

Durch Beteiligung des einzelnen Mitarbeiters bei der Erarbeitung der Zielvorstellungen stärken Sie das Interesse an der gemeinsamen Aufgabe. Mithilfe einer Mitarbeiterbesprechung sollten Sie sicherstellen, dass es nicht zu Zielkonflikten kommt.

*Gemeinsam vereinbarte Ziele können eine gera-
dezu magnetische Anziehungskraft ausüben.
Deshalb bitten Sie Ihre Mitarbeiter um deren konkrete Zielvorstellungen, die Sie anschließend mit
ihnen abstimmen.*

4. Gesprächsbaustein „Fördern und entwickeln"

*Um mit Veränderungen Schritt zu halten, brauchen
Sie Mitarbeiter mit dem größtmöglichen Know-
how. Ermöglichen Sie daher allen Mitarbeitern die
erforderlichen Qualifizierungsmaßnahmen.
Bei der Überlegung, wie der Mitarbeiter weiter zu
fördern ist, müssen die individuellen Leistungsgrenzen unbedingt beachtet werden. Das Entwicklungspotenzial ist jedoch selten ausgeschöpft. Erreicht der Mitarbeiter schließlich seine Höchstform, sind alle Beteiligten Nutznießer.*

**Da die Veränderungsgeschwindigkeit in der Be-
rufswelt stetig zunimmt, ist die Bereitschaft und
Fähigkeit zur Weiterbildung eine Schlüsselqualifikation für jeden Betriebsangehörigen. Wichtiges
Thema des Mitarbeitergesprächs sind daher Qualifizierungsmaßnahmen. Hier sollten Sie möglichst alle Mitarbeiter einbeziehen, jedoch die individuellen Leistungsgrenzen berücksichtigen. Es**

gibt eine Reihe von Förderungsmöglichkeiten, wie etwa

- *die Teilnahme an internen und externen Weiterbildungsmaßnahmen*
- *Training on the job*
- *der Auslandseinsatz*
- *Coaching und die*
- *Übernahme von Sonderaufgaben, die Sie im Mitarbeitergespräch herausarbeiten sollten.*

5. Die Vorbereitung

Mit einer Checkliste, die Sie Ihrem Mitarbeiter bei Festlegung des Gesprächstermins aushändigen, kann sich der Mitarbeiter gezielt auf das Gespräch vorbereiten.

Damit das Mitarbeitergespräch für beide Seiten konstruktiv verläuft, sollten jeweils Checklisten zur Vorbereitung benützt werden. Die Checkliste für den Mitarbeiter sollte dazu animieren, neben der Einschätzung der eigenen Leistungen und seinen Erwartungen auch die Zusammenarbeit mit dem Vorgesetzten zum Thema zu machen. Auch Sie als Vorgesetzter sollten sich mit Hilfe einer Checkliste auf das Gespräch vorbereiten. Diese Aufzeichnungen stellen für Sie eine Gesprächsgrundlage zur Skizzierung des Gesprächs-

verlaufs und der angestrebten Ziele dar, sollten aber beim Gespräch nicht ständig als Gedankenstütze genutzt werden.

6. Die Durchführung

Wenn Sie systematisch nach dem empfohlenen „Fahrplan" vorgehen, können Sie das Gespräch besser steuern und erhöhen die Erfolgsaussichten.

Soll das Mitarbeitergespräch erfolgreich verlaufen, sorgen Sie für eine angenehme Gesprächsatmosphäre, widmen Sie sich Ihrem Mitarbeiter mit großer Aufmerksamkeit und reagieren Sie in Konfliktsituationen auf emotionale Äußerungen des Mitarbeiters zurückhaltend.

Bei der systematischen Gesprächsführung können Sie den Gesprächsverlauf durch einen „Fahrplan" besser unterstützen.

Als Arbeitserleichterung verwenden Sie ein Gesprächsprotokoll. Neben den persönlichen Daten sollen

- **die Erreichung der Ziele,**
- **das Leistungsverhalten**
- **die getroffenen Zielvereinbarungen,**
- **Förder- und Entwicklungsmaßnahmen sowie**
- **die Stellungnahme des Mitarbeiters aufgenommen werden.**

7. Die Auswertung

*Mit der Auswertung des Mitarbeitergesprächs
sollten Sie gleich nach Abschluss des Gesprächs
beginnen, um wesentliche Dinge nicht zu vergessen. Wichtig ist dabei, dass Sie selbstkritisch überlegen, welche Gesichtspunkte verbessert werden
können.*

*Um sicher zu gehen, dass die festgelegten Zielver-
einbarungen erfolgversprechend verfolgt werden,
erbitten Sie von Ihrem Mitarbeiter Zielreports, die
Sie gemeinsam mit ihm auswerten.*

*Bei der Realisierung von Förder -und Entwick-
lungsmaßnahmen sollten Sie „am Ball bleiben"
und selbst die Initiative ergreifen.*

**Nachdem das Gespräch stattgefunden hat, haben
Sie noch nicht Ihr Soll erfüllt. Sie sollten**

- **unmittelbar danach die wichtigsten Eindrücke
festhalten und das Gespräch unvoreingenommen und selbstkritisch auswerten;**

- **später darauf achten, ob und wie Zielvereinbarungen eingehalten werden. Zielreports, die
Ihre Mitarbeiter erstellen und die Sie gemeinsam mit ihnen auswerten, können Ihnen aufzeigen, ob Sie auf dem richtigen Wege sind;**

- **die Realisierung der Förderungs- und Entwicklungsmaßnahmen im Auge behalten.**

Jetzt sind Sie auf dem besten Weg, Ihren Mitarbeitern zum Erfolg zu verhelfen. Der Erfolg Ihrer Mitarbeiter ist aber auch Ihr Erfolg und der Ihres Unternehmens.

Literaturverzeichnis

- Breisig, Thomas: Entlohnen und Führen mit Zielvereinbarungen. Frankfurt a.M.: Bund Verlag 2006

- Crisand, Ekkehard/Stephan, Pamela: Personalbeurteilungssysteme. 2. Auflage, Heidelberg: Sauer 1999

- Czichos, Reiner: Coaching = Leistung durch Führung. München: E. Reinhardt 1991

- Knebel, Heinz: Taschenbuch für Personalbeurteilung. 11. Auflage, Heidelberg: Sauer 2003

- Kratz, Hans-Jürgen: 30 Minuten Kritik und Anerkennung, 3. Auflage, Offenbach: GABAL 2011

- Laufer, Hartmut: Zielvereinbarungen – kooperativ aber konsequent, Offenbach: GABAL 2011

- Nagel, Reinhart/Oswald, Margit/Wimmer, Rudolf: Das Mitarbeitergespräch als Führungsinstrument. Stuttgart: Klett Cotta 2008

- Schmitz, Lilo/Billen, Birgit: Lösungsorientierte Mitarbeitergespräche. Frankfurt/Wien: Redline 2005

- Sommerhof, Barbara: Mitarbeiterbeurteilung. Landsberg: Moderne Industrie 1999

Register